남인도 인문 기행

고대 힌두교 조각과 건축 이야기

김 성 훈 지음

아이필드

국립중앙도서관 출판시도서목록(CIP)

남인도 인문 기행 : 고대 힌두교 조각과 건축 이야기 /
지은이: 김성훈. -- 서울 : 아이필드, 2013
288p. ; cm

ISBN 978-89-94620-06-0 03980 : \16000

기행(여행)[紀行]
인도(국명)[印度]

981.502-KDC5
915.404-DDC21   CIP2013022821

남인도 인문 기행

고대 힌두교 조각과 건축 이야기

1판 1쇄 발행 2013년 11월 23일

지은이   김성훈
펴낸곳   도서출판 아이필드
          주소 121-783 서울 마포구 성암로 11길 60, 102-603호
          전화 02-323-9491
          팩스 02-6499-1225
          이메일 ifieldpub@hanmail.net
          신고년월일 2001년 11월 6일
          신고번호 제313-2001-295호

ISBN 978-89-94620-06-0 (03980)

이 도서의 국립중앙도서관 출판시도목록(CIP)은 e-CIP 홈페이지(http://www.nl.go.kr/ecip)
와 국가자료공동목록시스템(http://nl.go.kr/kolisnet)에서 이용하실 수 있습니다.
(CIP제어번호: CIP2013022821)

남인도 인문 기행

고대 힌두교 조각과 건축 이야기

김 성 훈 지음

아이필드

아시아는 넓다. 인위적 경계야 큰 의미를 부여할 순 없지만 이 시대를 살아가는 우리에게 같은 대륙에 살면서 정서적인 거리가 먼 곳이 분명히 있다. 아시아의 서쪽 끝에 있는 중동 사람은 생김새부터 이질적이며, 히말라야 남쪽 인도양의 주인인 인도도 쉽게 우리라는 공감대를 찾기에는 너무 먼 곳에 있다.

인도는 세계의 지붕 히말라야가 우리와 그들의 세계를 단절시켰으며 우리에게 인도는 이웃 나라가 아니라 배를 타고 수만 리를 가야 하는 곳에 있었다. 가야의 허 왕후가 그리하셨고 우리의 혜초 스님이 다녀가신 길이 그렇게도 험난한 곳이었다. 그러나 인도와 우리는 불교라는 종교를 통해 2천 년을 교류했다. 우리 조상의 마음속에 천축은 동경의 대상이었고 피안이었다.

인도는 인더스 강 유역에서 5천 년 전쯤 이른 시기부터 문명이 시작되었고, 3천 년 전에 유목 민족인 아리안족이 남하해 동화되었다. 2500년 전에 위대한 부처와 자인이 탄생했으며, 그 후 약 2백 년 후 알렉산더가 인더스 강 유역에 머물렀다. 그동안 인도인은 힌두교를 연습하며 그들의 신앙으로 만들어 나갔다.

인도에서 탄생한 힌두교는 세계 4대 종교에 속하지만 교주나

지도자가 누구인지 정확히 설명해주는 사람이 드물다. 더구나 언제부터 시작되었는지, 신은 누구인지, 성서나 코란과 같은 경전이 있는지 자꾸 물어갈수록 묻는 사람이나 대답하는 사람이나 힘들긴 마찬가지다. 그러나 힌두교를 여타 종교와 같은 값으로 비교하는 것은 무리가 있다. 힌두교의 신은 시공을 초월한 만신이다. 그들의 신은 과거에도 있었고, 현재에도 창조되고 있으며, 먼 미래에도 멋있는 새로운 신이 준비되고 있다.

인도인은 이 종교를 통해 생각하고 결혼하고 사색하며 죽어간다. 힌두교는 바로 그들의 생활이다. 인도 땅을 걷다 보면 수많은 힌두교 사원과, 그곳에서 집전하고 예배하는 사제들과, 셀 수도 없는 신들과 공양물 그리고 낯선 소리와 냄새는 우리가 쉽게 접근할 수 없는 무언가가 있다. 현대의 힌두 사원에서 서성이다가 나는 천년 전 고대 사원을 찾아가는 시간여행을 하기로 했다.

기독교의 미술과 건축은 서구인들의 위대한 성취다. 그러나 나는 그곳에서 예수는 보았지만 인간의 살가운 냄새는 없었다. 이슬람의 사원에선 더욱 사람의 흔적이 없고 기하학적 미궁 속에 내 몸을 둘 곳도 마땅찮다. 불교에선 2천 년 동안 부지런히 부처와 그와 관련된 권속을 조각하고 회화했으나 민족과 사상이 뒤섞이며 불교미술을 이해하는 데에는 상당한 훈련이 필요한 사안이다. 그러나 고대 힌두 미술의 장인들은 이웃 아저씨나 바람난 처녀를 상상하며 그들의 신을 창조했다. 감동은 솔직함에 미치면 승복한다.

　나는 이번 여행을 통해 새로운 힌두 미술의 진면목을 맛보았다. 그리고 행복했다. 외부 세계와 거의 단절된 대륙에서 수천 년을 이어가며 그들의 신을 찬양하며 예배드린 흔적에 감동하고 그들의 신앙에 감사했다. 힌두 신의 모습은 힌두인의 다른 모습이다. 그들이 원하는 모든 것을 신들에게 옮겨놓았다.

　고승 법현은 60의 나이에 걸어서 장안을 떠나 실크로드를 경유해 인도에서 구법 활동을 한 뒤 해로로 산동에 귀환했는데 돌아올 때 그의 나이 85세가 훌쩍 넘었다. 지금부터 1600년 전의 스토리다. 법현 스님이 그리워했던 부처님과 그 땅을 나는 비행기를 타고 한 달 여정으로 출발한다. 출발하는 생년은 동갑이지만 여행의 내용과 수준은 감히 비교할 수 없다.

그동안 종교미술의 프레임을 깨닫게 해주신 문명대 교수님과 김창균 교수님께 감사드리며, 책을 출간하면서 우정을 쌓은 아이필드 유연식 사장과 유영석 박사께도 감사드린다. 무엇보다 인생의 동반자인 전병식 명장과 이지복 법사의 우정을 빼놓을 수 없다. 우리 세 사람은 남인도를 뒤돌아보며 언젠가 북인도를 여행할 것이다.

이 글은 샌프란시스코의 딸 집에서 잠 못 이루는 밤에 쓰고 있다. 새로운 가정을 시작한 그들에게 용기를 주고 싶다.

2013년 가을
하늘 맑은 서울에서

남인도 인문 기행

고대 힌두교 조각과 건축 이야기

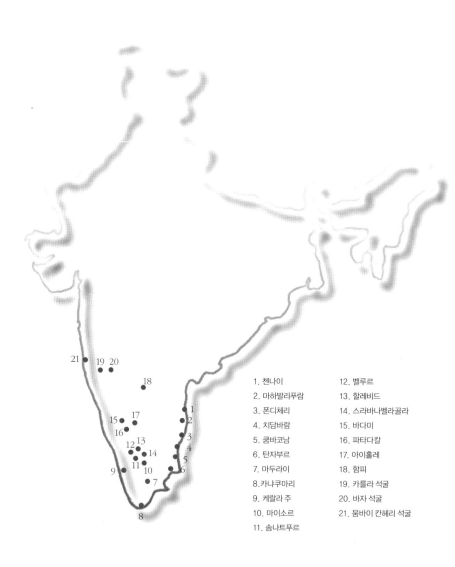

1. 첸나이
2. 마하발리푸람
3. 폰디체리
4. 치담바람
5. 쿰바코남
6. 탄자부르
7. 마두라이
8. 카냐쿠마리
9. 케랄라 주
10. 마이소르
11. 솜나트푸르
12. 벨루르
13. 할레비드
14. 스라바나벨라골라
15. 바다미
16. 파타다칼
17. 아이홀레
18. 함피
19. 카를라 석굴
20. 바자 석굴
21. 뭄바이 칸헤리 석굴

차 례

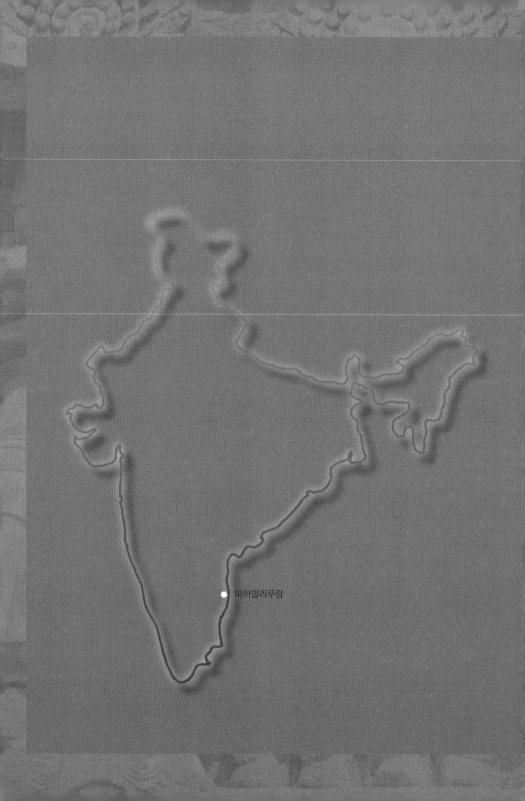
마하발리푸람

1

팔라바 왕조의 드라비다 석조 예술(1)

마하발리푸람의 〈아르주나 고행상〉

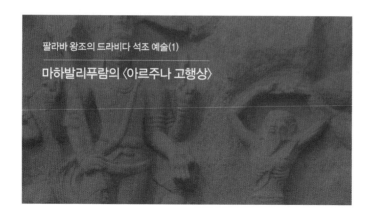

팔라바 왕조의 드라비다 석조 예술(1)

마하발리푸람의 〈아르주나 고행상〉

11월 말 우리나라는 을씨년스런 늦가을이다. 사람들은 세월
도 잊은 채 선거에 몰두하고 우리는 어느 유력 후보의 사퇴 장
면을 마지막으로 인도로 향했다. 십여 년 전 네팔-인도를 묶은
단체여행을 시작으로 인도와 인연을 맺었는데, 그 후 몇 차례
불교 유적 답사를 위해 도착한 뭄바이에 머물며 데칸고원, 그
아래의 땅 남인도에 가고 싶었다. 아직 손상되지 않고 남아 있
는 고대 힌두교의 미술과 건축이 궁금했고, 벵골 만이나 아라비
아 해안의 대항해시대 흔적들, 그리고 북인도와는 다를 것 같은
그곳 사람과 자연이 대상이었다.

홍콩에서 갈아탄 첸나이행 비행기에서 우리가 인도로 향하고
있다는 느낌이 강하게 와 닿았다. 승객은 대부분 검은 갈색 피

부와 곱슬머리, 유난히 반짝이는 큰 눈동자의 인도인들인데, 그들 모두가 우리를 주시하는 순간 무언가에 압도된 듯 막연하고 낯설며 내심 불안감이 교차했다. 그러나 그들은 조용하고 친절했으며 현실에 대한 인내심이 말과 외모에서 풍기고 있다.

그들은 인도의 진정한 주인인 타밀인으로 고대로부터 북에서 내려온 아리아인, 중세의 이슬람교도 그리고 근세에 서구인들의 침탈을 겪으며 끈질기게 대륙을 지켜온, 살아 있는 화석과 같은 존재들이다. 초창기 인더스문명의 주역이었던 드라비다인은 아리아인의 이동이 시작된 기원전 1500년부터 남방으로 이동하여 정착했다고 보는데, 현재 이들의 모습에는 인종적으로 아프리카의 흔적이 남아 있다. 언젠가 책에서 지구가 하나의 대륙에서 분리될 때 인도는 아프리카에서 떨어져 아시아와 하나의 대륙을 형성했다고 한다. 지금 기내에서 만난 이들은 해외에서 귀향하는 인도 출신 근로자들로 전 세계에서 인도의 국익과 자신들의 삶을 위해 일하는, 우리식 표현을 빌리면 산업 전사와 그들의 가족이다.

첸나이는 벵골 만 최대의 항구도시이며 인도에서 네 번째로 큰 도시다. 1639년 영국의 동인도회사가 이곳에 설립되어 남인도의 관문 역할을 시작했는데, 결국 아라비아 해의 뭄바이와 인도의 동과 서를 대표하는 수탈 기지 역할을 한 셈이다. 지금은 인구 6600만 명 타밀나두 주의 주도이며 배후에 벵갈루루, 하이데라바드 등 산업도시가 있고, 우리나라의 대기업도 진출해 있는 여느 번잡한 인도의 도시와 비슷한 곳이다.

새벽 2시 무렵에 공항에 도착해 비교적 간단한 수속을 끝내고 시내로 향했다. 몸은 피곤했으나 처음 시도해보는 인도 배낭여행에 우리는 설렘보다는 걱정이 앞선다. 여행안내책 한 권과 서툰 영어가 전부인 우리는 지금 이 낯선 인도인 운전사가 어디로 향하는지부터 궁금하다. 자동차 전조등에 보이는 도로는 좁고 지저분하며 온통 공사 중이다. 인구 450만의 대도시 관문치곤 초라하며, '인도답게' 우리를 환영하고 있다.

가이드 없는 한 달 여정의 인도 여행은 쉽지 않을 것이다. 그러나 배낭여행의 조건을 충족시키기 위해 하루 100불, 즉 5천 루피를 지출하기로 계획을 세웠다. 숙소는 약 2천 루피 정도의 게스트하우스급 여관에서, 그리고 식사와 장거리 이동에 약 1천 루피를 배당하고, 가장 중요한 답사에 필요한 승용차 렌트에 과감히 2천 루피를 쓰기로 계획했다. 생활은 배낭족 수준이지만 답사만은 충분한 시간과 컨디션을 유지하기 위함이다. 다행히 남자 3인의 여행은 숙박비와 교통비를 줄일 수 있는 환상의 조합으로, 엑스트라 베드 추가 요금만으로 숙박 비용이 절약되며, 릭샤 정원이 3명인 점을 감안하면 우리 여행이 성공적으로 끝날 것으로 보인다. 또 그러기를 기대한다. 더구나 우리는 올해 회갑을 맞고 있는, 인생의 경험이 많은 사나이들이 아닌가?

숙소는 교통이 편리한 에그모아 역 부근에 정했다. 첸나이의 철도 관문인 에그모아 역은 외형이 크고 아름다운 영국 식민지 시대의 건물로 주변에 시장이 형성되어 낮에는 매우 번잡하고 소란스러운 곳이다.

나중에 알게 되었지만 남인도에서는 철도보다는 장거리 버스가 더 편리한데, 철도는 미리 예약해야 하는 번잡함이 있지만 버스는 항상 대기하고 있고 요금도 차에서 바로 지불하여 시간과 노력을 줄여주었다. 현재 남인도는 도시마다 경쟁적으로 현대식 정류장을 건설하여 운송 시스템이 잘 정비되고 시설이 비교적 깨끗한 편이다.

역사 건너편 작은 골목 안에 숙소 간판이 보인다. 한밤중에 도착한 우리를 40대쯤으로 보이는 남자 종업원이 졸린 듯 무표정한 얼굴로 맞아준다. 간판은 호텔인데 시설은 우리나라 여관보다 열악해 방은 비좁고 발전기 소음이 심하다. 숙소가 좁은 건 참을 수 있지만 소음에 익숙지 않은 우리는 처음 이틀 동안 잠을 설쳐야 했다. 나중에야 알았지만 인도는 석유 자원과 정유 시설이 부족한 탓으로 전기 사정이 좋지 않아 호텔마다 집채만한 비상용 발전기를 가동한다. 숙소를 예약할 때는 발전기 위치와 가동 시간을 확인하는 것이 물론 중요하다.

첸나이는 주립박물관과 예수 제자 도마가 묻혔다는 산토매 성당을 관람하기로 했다. 주립박물관에 브론즈갤러리, 미술관 등이 한곳에 위치해 반나절 정도면 비교적 편하게 관람할 수 있다. 남인도 각지에서 수집한 석상과 청동상이 대량 전시되어 있는데, 청동상이 일품이며 특히 아마라바티 출토 석상 편이 전시

첸나이 주립박물관 춤추는 시바 청동상 부분(위)
첸나이 주립박물관 외경(아래)

되어 눈길을 끈다.

남인도는 힌두교 인물 석상과 촐라 시대의 청동상이 유명하며 역동적인 신체 표현과 청동의 녹색이 이국적이다. 박물관 등 인도의 관공서나 공공건물은 대부분 영국 식민 시대에 건축된 것으로 그리스와 힌두, 이슬람 등 다양한 건축양식이 혼재되어 이채롭다. 사람은 떠나고 없으나 그때 그들이 건축한 축조물이 아직도 이 땅을 지배하고 있으니 언뜻 보아 현대의 인도 건축은 알 수 없는 정체성의 위기를 맞고 있는 것 같다.

산토매 성당까지 릭샤를 이용했다. 영국 식민지 기지였던 세인트조지 성채에서 성당까지 약 5km 정도 아름다운 해변이 이어지고 유서 깊은 첸나이 대학과 퀸메리스 대학 등 식민 시대의 공공건물이 즐비하다. 산토매 성당은 19세기에 재건된 고딕 건물로 이곳에 예수의 12사도 중 한 명인 도마가 포교를 하기 위해 도착했다고 한다. 드라마틱한 사건이다. 교회는 그의 무덤 위에 건립되었다고 하는데 지금도 신자들의 참배가 끊이지 않고 있다. 중세 기독교 관련 유물 전시장이 따로 마련되고 지하에 당시의 예배당과 도마의 무덤을 재현해놓았다.

그리스-로마 시대에 홍해를 경유해 인도와 말레이반도 등 남아시아 국가들과 교역했다는 기록은 많은 편이다. 이 지역 해변에서 고대 로마와 교역을 증명하는 동전이나 유품 등이 다량 발견되므로 1세기경에 예수의 제자 도마가 이곳에 도착해서 포교했다는 구성도 가능하리라 생각해본다. 그러나 도마와 관련

된 결정적인 고고학적 증거나 기록은 부족한 편이다. 산토매의 극적인 스토리는 이곳에서 시작해 인도의 남부 끝에 있는 교회까지 이어지며 신도들을 자극하고 있다. 어느 종교에서나 볼 수 있는 보편적인 현상으로 보인다.

　마하발리푸람은 첸나이에서 남쪽으로 약 60km 정도 떨어진 한적한 마을로 아름다운 해변에 위치해 있다. 현재 1백여 호 정도의 마을이 산재하며 대부분 관광객을 위한 숙소나 레스토랑을 운영하고 해안을 따라 어촌도 있다. 숙소는 깨끗하고 레스토 랑은 서구풍으로 해산물 요리가 저렴하고 맛있는 편이다. 남쪽 으로 식민지 시대의 등대를 중심으로 암반으로 이루어진 낮은 구릉이 자리하고, 구릉 너머 바다로 흘러드는 강과 주변에 야 자나무와 논과 밭이 끝없이 펼쳐진, 평화롭고 아름다운 곳이다. 이곳 구릉 지역을 중심으로 유명한 〈아르주나 고행상〉이 있는 소규모의 석굴군이 있고, 동쪽 해안에 드라비다 석조 문화의 시 원으로 평가되는 파이브라타스 석조 사원과 해안 사원, 그리고 북쪽으로 약 4km 떨어진 곳의 얄리 석굴 등이 유명한데 모두 세계문화유산에 등재되었다.

1400년 전, 남인도 강국인 팔라바 왕조의 3대 왕인 마헨드라 1세(600-630년경 재위)는 학문과 예술에 깊은 소양이 있었다고 한다. 그는 마두라스(지금의 첸나이) 지역으로 영토를 확장하고 수도를 칸 치푸람에 정해 세력을 떨쳤는데, 그의 후계자인 나라심하 바르 만 2세(630-668)는 이곳 마하발리푸람을 항구로 개발하고 동남아 시아, 스리랑카 등과의 무역을 통해 부를 축적했다고 한다. 원래 '위대한 언덕'으로 불린 이곳 마말라이 지역을 왕은 '위대한 전 사의 도시', 즉 '마하발리푸람'으로 바꾸었다. 그는 팔라바 왕조 의 위대한 군주로서 그의 치세 기간은 비교적 평화로워 수도 칸 치푸람에 유명한 카일라사나타 사원을 건립하고 이곳 마하발리 푸람의 사원 건립에도 힘을 쏟았다고 한다.

버스 정류장에 차를 세우자 바로 눈앞에 〈아르주나 고행상

마하발리푸람 〈아르주나 고행상〉

Arjuna's Penance〉이 보인다.

책을 통해 여러 차례 접했지만 실제로 작품을 마주하니 말로 표현할 수 없는 감동이 밀려온다. 밝고 붉은 색조의 거대한 화강암에 조각된 수많은 생명체들이 가운데의 천연 수직 균열을 향해 좌우에서 모여들며 경배하는 모티프로, 그 규모와 생동감이 압권이다. 고부조로 새겨진 각종 신들과 인간상 그리고 동물들의 표현력과 그들의 세계를 하나의 스토리로 묶은 고대 작가의 힘은 나를 압도하고 있다. 어린 시절 극장에서 시네마스코프 대형 화면을 처음 대하는 놀라움이랄까, 두근거리는 가슴을 안고 찬찬히 들여다본다.

중앙의 수직 균열에 나가(용신) 가족이 물을 거슬러 솟구치고 있다. 좌측에는 도인인 듯 어떤 노인이 시바 곁에서 한쪽 발을 땅에 딛고 두 손은 하늘을 향한 채 고행 중인데 얼마나 오랜 세월이 흘렀는지 아무도 모른다. 아마 그가 주인공일지 모른다는 추측을 하며 아래를 보니 조그마한 신당에 비슈누가 모셔져 있고, 우측 바위에 노인이 깊은 상념에 잠겨 있는데 비쩍 마른 몸과 수염을 보니 동일인으로 보인다.

제작자는 과거의 모습을 아래 화면에, 그리고 현재의 모습을 위에 배치했을 가능성이 높다. 시바는 4개의 팔로 각종 지물을 수지하고 있는데 한 손은 고행 중인 노인을 향해 빈 손을 펼쳐 보이며 나를 두려워하지 말라는 신호를 보여주고 있다. 시무외인과 여원인 '그렇다, 너의 뜻이 이루어 질 것'이라는 신의 암시

〈아르주나 고행상〉 중 사바 신과 고행 중인 바기라타(위)
〈아르주나 고행상〉 중 바기라타의 상념(아래)

를 나타낸다. 이제 세상은 활력이 넘치며 모든 지상의 생명체는 하늘에서 보내준 생명수를 향해 경배하며 신께 감사한다. 노인의 고행은 신을 감동시켰고 이 땅을 신의 노여움으로부터 해방시킨 장면이 아닐까 생각해본다.

우측 하단에 거대한 코끼리 가족이 '강가'를 향해 나아가고 있는 장면이 있는데, 조각이 유려하며 전체 화면에 긴장감을 주고 있다.

코끼리 발 앞에 쥐를 교활하게 속인 고양이가 참회를 하고 서 있는 장면은 『마하바라타』의 서사시에 쥐들에게 닥치는 슬픈 운명을 말해주는 장면으로 쥐 한 마리가 두 발을 모아 예배드리고 있다.

〈아르주나 고행상〉은 전체 크기가 29m×13m로 단일 부조로는 세계 최대로 꼽힌다. 전체 내용은 학자마다 견해가 다른데, 대부분 인도의 대서사시 『마하바라타』에 나오는, 시바와 관련된 신화의 한 장면을 도해한 것으로 보고 있다. 즉 아요디야국의 바기라타라는 인물이 신의 노여움을 사 재로 변해버린 선조들을 구하기 위해 수천 년에 걸친 고행을 쌓았다고 한다. 이것이 신의 마음을 움직여 천상의 성스러운 '강가' 강이 지상으로 흘러들어갔다는 내용이다. 중앙의 암석 균열을 이용해 천계에서 내려오는 강가 강과 강의 용신을 표현했으며 강가가 이 세상에 내려왔을 때의 이야기가 새겨져 '강가의 하강Descent of the Ganga'으로도 불린다. 남쪽으로 100m쯤 내려가면 비슷한 소재의 마애

아르주나고행상의 천상의 강을 거슬러 올라가는 나가(용)가족

석상을 볼 수 있는데, 미완성작이지만 작가는 동일 소재를 다루며 천연으로 이루어진 중앙의 균열을 작품 대상으로 선정했을 가능성이 높다.

바라타 왕국의 위대한 서사시인 『마하바라타』의 원래 제목은 자야^{Jaya}로 10만 절이 넘는다고 한다. 내용은 주로 판다바와 카우라바 두 왕조 사이에 일어난 왕권을 놓고 벌어지는 전쟁이 기본 골격인데 사건의 전개 과정에서 신화적 요소와 힌두 사상이 강조되며 다르마나 영적 구원을 얻고자 하는 사람들의 신성한 의무 등이 포함되어 있다.

〈아르주나 고행상〉은 7세기 중반 작으로 팔라바 왕조의 힌두 조각이 보여주는 힘과 탄력은 북쪽의 후기 굽타 왕조의 조각과 비교되는 남인도인의 새로운 성취로 보인다. 마하발리푸람의 조각미술은 팔라바 이후 촐라나 비자야나가르 왕국의 힌두 미술을 선도하는 대표작으로 새로운 천년의 힌두 조각이 이곳에서 시작된 셈이다. 이곳 유적을 마주하며 힌두 조각에 대한 새로운 인식과 기대를 가져본다.

〈아르주나 고행상〉 좌측에 전면이 개방된 열주로 만들어진 판차 판다라 만다파는 고행상과 하나의 바위를 조각했다.

만다파는 석굴사원을 뜻하며 열주 하단에 사자상을 조각하고 주두에도 기마상을 조각하여 화려한 팔라바 왕조의 건축적 특색을 잘 보여주고 있다. 상부 파라페트에 조각된 원통형 지붕들은 고대 인도의 전통 가옥을 모티프로 불교 석굴이나 힌두교

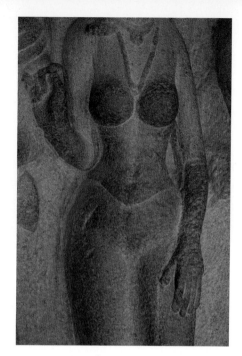

판차 판다라 만다파 내부 부조 여인상(부분)

사원 등에서 꾸준히 차용되며 점차 장식화된다.

이곳 만다파의 부조상 역시 매우 훌륭하다. 당 시대 사람들
의 생활상을 따뜻한 시선으로 바라본 훌륭한 작품이다. 그러나
〈아르주나 고행상〉과 마찬가지로 일부 미완성으로 남아 있어 작
업 중 전쟁이나 정변과 같은 변고가 있었을 확률이 높다.

【남인도인문기행】

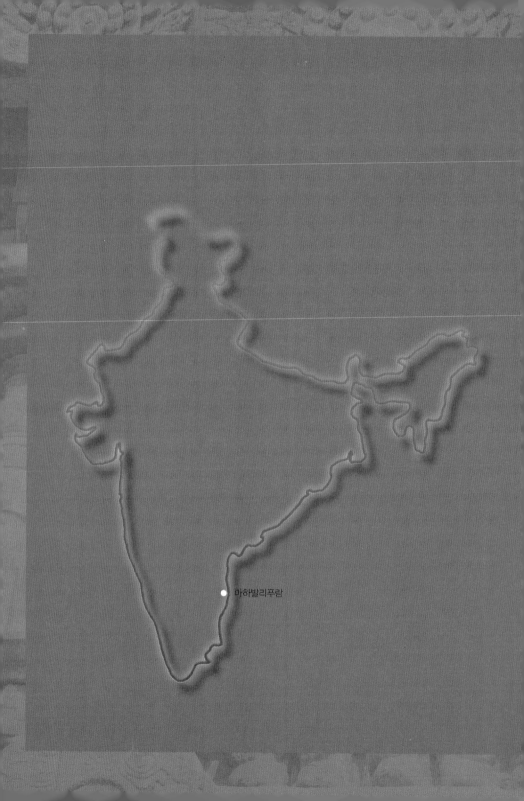
마하발리푸람

2

마하발리푸람의 석조 사원들

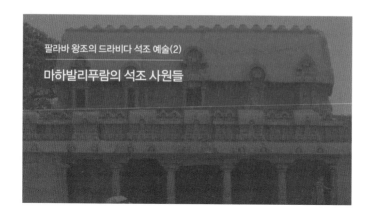

팔라바 왕조의 드라비다 석조 예술(2)

마하발리푸람의 석조 사원들

〈아르주나 고행상〉 뒤쪽 언덕에서 눈부신 초원과 푸른 숲을 배경으로 한가하게 뛰노는 아이들과 염소 떼가 한 폭의 그림 같은 장면을 연출하고 있다. 멀리 가네샤 라타^(석조 사원)가 보인다. 주변과 잘 어울리는 이 아름다운 건물은 하나의 바위를 조각해 만든 석조 조각이자 석조 사원이다. 건축보다는 조각이라고 불러야 마땅한 이 노천 석조 사원은 파이브라타스와 함께 남인도 드라비다 건축의 원형으로 평가받는, 학술적으로 소중한 유적이다.

이곳에 놓였던 바위는 원래 신의 작품이었고 눈앞의 사원은 그 신을 위한 인간의 작품이다. 지구가 만들어진 이래 오랜 시간을 바위는 이곳에 존재했는데, 바위의 시간보다 더 긴 시간 동안 이 신전은 존재할 수 있을까? 1200년 전, 이곳의 거대한

바위를 한동안 바라보던 인간은 정과 망치를 들고 이 작품을
남겼다. 시바의 아들 가네샤를 위하여.

  인도의 힌두 건축은 중세 건축서인 『마나사라Manasara』에 이미
남북 인도의 건축적 특징을 언급하고 있다. 남인도 건축양식을
드라비다 양식이라 칭하며, 북부 아리아적인 나가라식과 구분
하고 있다. 드라비다 양식의 가장 큰 특징은 비마나(聖室) 상부의
시카라(탑)와 고푸람(문)인데, 학자들은 양식적 기원을 이곳 마하
발리푸람의 라타에 두고 있다. 가네샤 라타는 지붕 상단에 9개

의 칼라샤라는 물병과 차이티야 형식의 창을 조각한 3층 석조 구조물이다. 라타는 '신의 수레'를 뜻하여 사원을 암시하고 있으며, 칼라샤는 비를 담는 물병이다. 칼라샤는 생명수인 감로수의 용기로 건기가 긴 인도 지역의 길상으로 사용되며 기둥 등 장식에도 많이 보이고 있다.

이곳에서 신이 거처하는 천연의 바위군을 조각하여 아담한 성소를 마련하고 예배하는 초기 힌두 신앙의 모습을 볼 수 있다. 후대에 신자가 점차 늘어나고 국가적인 행사가 사원을 중심으로 개최되면서 평지에 거대한 신전을 만들고 산에 계신 신을 초청하여 모시게 되는데, 신들을 번거롭게 하는 일이 되고 말았다. 인간 사회가 변모하며 신들도 거처를 옮겨야 하는 수고를 하신 것이다.

가네샤 라타를 지나 좁은 산길을 걷다 보면 만다파와 석조 사원이 숨바꼭질하듯 연이어 눈에 띄는데, 숲 속 길을 걷는 나그네를 위한 조그마한 정자를 보는 듯 정겹다. 사원마다 모시는 신이 다르며, 전면에 개방형 기둥을 설치하고 내부에는 벽면 가득 신들의 이야기가 조각된 참배실과 가르바그리하^{Garbhagriha}라는 성소를 두고 있다.

사원에서 가장 중요한 성소를 가르바그리하^(태궁)라고 부르는데, 힌두 신앙의 모든 현상세계는 자연의 어머니인 태궁에서 생겨났다고 본다. 이 태궁은 초기에 산의 동굴로 상징되었으나 후대의 평지 사원에도 가장 은밀한 곳에 태궁을 마련하여 신을 모

마하발리푸람의 바라하 만다파 전경

바라하 만다파 내부 〈코끼리가 정화한 락슈미 여신〉

시는 전통을 이어가고 있다. 시바 사원에서는 이곳에 시바의 상징인 링가를 배치하여 요니와 합일을 구상적으로 비유하여 생명의 기적을 예찬하는데, 고대인에게 생명 탄생의 메커니즘은 가장 신비한 신의 영역으로 여겼으리라. 답사를 하면서 어느 종교나 신의 모습은 인간의 사고 영역을 뛰어넘지 못하는 것을 느낀다. 진정 신이 존재할까?

첫 번째 만다파인 힌두교 부조상으로 유명한 바라하 만다파는 비슈누를 위한 사원이다. 비록 규모는 작지만 내부에 〈가나의 화신〉과 〈바라하의 화신〉 장면이 좌우측 벽감에 부조되고, 후면에는 〈코끼리가 정화한 락슈미 여신〉과 〈전쟁의 여신 두르가〉가 조각되어 있다. 이 고대의 갤러리에 들어서는 순간 아름다운 원시 조각의 생동감과 미적 전율을 느끼게 된다.

〈바라하의 화신〉 부조상은 비슈누가 세 번째 화신인 멧돼지, 즉 바라하로 변신하여 우주의 심해에서 지모신을 구한다는 스토리다. 화면 중앙에 인신 멧돼지가 오른손으로 여장 지모신을 안고 용신과 인간들의 숭배를 받고 있는 장면이다. 4개의 팔을 가진 바라하는 두 팔로 여신을 구하고 다른 손은 위로 향해 소라를 수지하고 있는데 자신의 원래 모습이 비슈누임을 암시하고 있다. 이 스토리는 힌두 신전에 단골로 등장하는 소재로 유명하며, 5세기 초 굽타 시기의 기념비적인 작품인 보팔의 우다야기리 석굴에 있는 부조에도 심해에서 구한 지모신을 바라하가 입에 물고 왼발로 용신을 밟고 있는 역동적인 장면을 보여주고 있다. '미녀와 야수'의 원형을 떠올리게 하는 이들 부조상은 극단적인 대비를 통해 인간의 감성을 자극하고 있다.

반대편에 비슈누의 다섯 번째 화신인 트리비크라마의 부조상인 〈가나의 화신〉이 조각되어 〈바라하의 화신〉과 대비를 이루고 있다. 비슈누가 난쟁이의 모습으로 세상에 나타나 강력한 발리 왕에게 땅을 부여받는 스토리로, 발리 왕에게 세 걸음을 허락받은 난쟁이 신은 거대한 전사로 변신하여 왼쪽 다리를 위로 번쩍 치켜든 모습으로 표현되었다. 머리에 비슈누를 상징하는 높은 관을 쓰고 8개의 팔에 각종 무기를 수지한 당당한 모습으로 화면을 지배하고 있는데, 주변의 군상이 두려움과 경외감 속에서 찬미하고 있다. 비슈누의 화신 가나는 본래의 모습으로 돌아와 세 걸음에 세상을 창조하기 위해 다리를 힘껏 치켜들고 첫

바라하 만다파 내부 〈바라하의 화신상〉(위)
우다야기리 제5굴의 〈바라하의 화신상〉(5세기) (아래)

걸음으로 땅을 만들고 둘째 걸음으로 바다를, 그리고 세 번째 걸음으로 발리 왕의 머리까지 도착했다고 한다. 지모신을 구한 바라하나 우주를 창조한 가나 모두 결국 비슈누의 천지창조라는 위대한 업적을 우화적으로 찬양하고 있다.

비슈누의 화신 사상은 이미 오래되었는데 8세기경에 10개의 화신이 비로소 완성되었다고 본다. 최초의 세 화신인 물고기·거북이·멧돼지는 베다의 우주 창조 신화에 등장하며, 네 번째 사자인간은 악마로부터 세계를 구하고, 다섯 번째 난쟁이는 전 우주를 세 걸음으로 걸어 인간에게 이 세상을 내려준 가나이다. 여섯 번째의 화신인 파라슈라마는 오만한 귀족과 전사를 많이 죽인, 도끼를 든 모습으로 나타나며 일곱, 여덟 번째의 라마, 크리슈나는 위대한 두 서사시 『라마야나』와 『마하바라타』에 등장

마하발리푸람의 마히샤마르디니 만다파 전경　　　마히샤마르디니 만다파 전면 등대(영국 점령기 축조)

하는 영웅이며, 붓다는 아홉 번째다. 마지막 열 번째는 미래의
화신 칼키로, 그는 세상의 종말에 출현해 선악을 가려 벌을 주
며 이 우주를 브라흐만에게 돌려준다고 한다. 비슈누는 우주를
유지하는 신으로 그의 화신, 즉 10개의 아바타스로 변신하며
세상을 구제하는 신으로 알려져 있다.

　마히샤마르디니 만다파 역시 천연 암반을 굴착하여 외부에
개방형 기둥 6개와 내부에 2개의 기둥을 설치한 불교 비하라형
으로 이 지역 가장 높은 곳에 위치한 비교적 큰 만다파다. 암석
상부의 방형 석조 사원은 전망대 역할을 하고 있어 올라가 보
니 강을 따라 끝없이 펼쳐진 야자수와 논이 보이고 북쪽에 영
국 점령기에 세워진 높은 등대가 위용을 과시하고 있다. 사원
계단을 올라 만다파에 들어서면 좌우측 벽면에 〈물소마신을 살

해하는 두르가〉와 〈아난다 용 위의 비슈누〉가 부조되고 후면에
3개의 성실을 마련하였다. 성실 입구에 수문신을 조각하고 내
부에는 시바의 요니가 모셔져 있는데 현재 링가는 보이지 않는
다.

　〈물소마신을 살해하는 두르가〉 부조상은 화면 우측에 소로
분장하고 곤봉을 든 마신이 사자를 타고 나타난 두르가 여신에
게 압도되어 도망가는 장면을 생동감 있게 조각했다. 두르가 여
신은 난쟁이 군대의 호위를 받으며 6개의 팔에 각종 무기를 들
고 활의 시위를 당겨 마신을 공격하고 있다. 거대한 마신과 그

마히샤마르디니 만다파
내부의 〈물소마신을 살
해하는 두르가〉 부조상

의 사나운 병졸들은 수세를 면치 못하고 있으며 두르가의 난쟁이 병졸들은 승리감에 도취되어 매우 기뻐하고 있는 모습이다. 두르가와 마신의 군대가 화면을 분할해 공격과 패퇴의 장면을 역동적으로 묘사하고 있다.

인도에서 두르가는 물소 머리를 한 악신인 마신을 살해했기 때문에 존경을 받는다고 한다. 마신은 매우 거대하고 강력한 악신으로 인드라·수리아·바루나·이그니·야마 등을 제거하고 천상의 우두머리가 되었다. 그러자 비슈누·시바·브라흐마·인드라의 입에서 광채가 나와 그 빛들이 합쳐져 여신 두르가가 되었는데, 여신이 신들의 무기로 악마의 군대를 전멸시켜 마침내 마신의 목을 베었다는 스토리다. 두르가는 시바의 배우자로 자신의 사나운 힘 샥티를 가지고 무서운 귀신을 죽이는 힘이 있는 여신으로 오늘날까지 숭앙받는 인기 있는 신이다.

시바의 힘은 배우자를 통해 나타나는데 배우자가 곧 시바의 아바타인 셈이다. 배우자는 자비로운 사티·우마·파르바티 등 착한 신으로 나타날 뿐 아니라 무서운 형상인 차문다·칼리·두르가의 화신 등으로 다양하게 나타난다. 특히 파르바티는 아름다운 아내로 시바와 파르바티의 성적·정신적 결합은 탄트라 철학의 기초가 되었고 그들은 카일라스 산에 살고 있는 신성한 가족으로 자주 묘사되고 있다. 시바 신앙은 지모신과 같은 여신 숭배의 중요한 요소들을 시바 신화로 통일하는데, 때론 타국의 여신과 결합하여 시바는 여러 민족을 통섭하는 정치적인 목

적까지 달성하기도 한다. 비슈
누가 10대 화신으로 변신하여
능력을 과시하듯 시바는 배우
자의 힘으로 자신을 표현하고
있다.

마히샤마르디니 만다파 내부의 〈아난다 용 위의 비슈누상〉 상부 천인상

반대편 벽감에 〈아난다 용
위의 비슈누상〉이 조각되어
있다. 거대한 뱀이 또아리를
틀고 다섯 머리를 곧추세워
신을 보호하고 있는 장면이다. 하부에는 신자들이 비슈누를 향
해 기도를 올리고 하늘에 남녀 천인이 날고 있다. 거대한 뱀의
보호를 받는 신의 모티프는 원래 불교의 전생 고사에 등장하는
데, 이른 시기부터 불상의 좌상이나 입상에 표현되었다. 부처님
이 득도를 위해 선정에 들 때 마침 억수 같은 비가 내려 용왕
이 부처의 몸을 감아 체온을 유지시키고 여러 개의 머리를 우
산처럼 펼쳐 비를 피한 내용이다. 초기 불교미술에서 뱀이 부처
의 몸을 감는 것을 불경스럽게 여긴 신도는 또아리를 대좌로 형
상화시키고 부처 위에 머리를 산개처럼 펼쳐 부처를 보호하는
모티프로 발전했다. 후대에 자이나교나 힌두교에서도 이와 같은
용왕의 보호를 받는 형식이 채용되는데 〈아난다 용 위의 비슈
누상〉은 와상으로 매우 인기 있는 도상이다.

현존하는 가장 이른 시기(500년경)의 힌두교 사원 중 하나인 데

마히샤마르디니 만다파
내부의 〈아난다 용 위의
비슈누상〉

오가르 사원의 외벽감에 조각된 비슈누상은 힌두교의 삼신 개념을 비슈누를 중심으로 해석해 흥미를 끈다. 비슈누는 거대한 뱀 위에 편안한 자세로 눈을 감고 누워 있고, 그의 배꼽에서 피어난 연꽃 위에 창조의 신 브라흐마가 좌정하고 있다. 브라흐마 우측에 파괴의 신 시바가 아내 파르바티와 함께 난디를 타고 있다. 거대한 비슈누에 비해 상대적으로 왜소하게 표현된 브라흐마와 시바 신의 삼신 장면은 비슈누가 창조와 파괴의 중재자인 우주의 유지자로서 자신의 우월한 위엄을 보여주고 있다.

그러나 이곳의 만다파는 성소에 링가를 모신 시바 사원으로,

벽면에 비슈누를 조각하여 시바가 중심이 된 힌두교의 삼신 사상을 보여준다. 베다의 흔적이 보이는 『라마야나』와 『마하바라타』 서사시에서 힌두교의 삼신의 개념이 시작되었다고 보는데 창조와 유지, 파괴와 재창조는 우주의 질서이며 삼신은 동일한 존재로 인식되었다. 브라흐마는 가장 관념적인 신으로 비슈누와 시바를 중개하는 역할을 하고, 비슈누는 다르마의 보호자이며 인간의 수호자로 인간을 구원하기 위해 이 세상에 내려왔다고 한다. 시바는 삼신 일체의 마지막 신으로 요가의 왕이며, 그가 춤을 추는 행위는 우주의 리듬으로 간주되며 춤추는 동안 우주가 유지되는 것이다.

브라흐마의 창조는 이미 끝났고 현재 비슈누의 인간 구제가 진행되는 동안 미래의 신 시바는 우주 파괴를 기다리며 현란한 춤을 추고 있다고 한다. 이와 같은 삼차원적 신관은 기독교의 하나님과 현재의 예수·재림예수, 불교에서는 과거불과 석가모니불과 미래의 미륵을, 그리고 자이나교의 티르탄카라와 마하비라 등 모두 동체지만 이체로서 현현한다고 볼 수 있다.

이곳 마하발리푸람의 유적지를 둘러보는 일반 여행객은 드물고 서구의 유적 마니아나 우리 같은 답사객이 전부인데 근래에는 현지 학생들의 단체 여행도 자주 눈에 띈다. 덕분에 한적한 가운데 고적의 흥취를 만끽하는 호사를 누리고 있다. 아침에 도착하여 3시간쯤 석굴사원을 둘러보고 나니 배도 고프고 다리도 무거워지기 시작한다. 자유 여행의 좋은 점은 시간에 쫓기

파이브라타스 매표소 앞에서 포즈를 취한 인도 학생들

지 않고 답사 일정을 조정할 수 있다는 점이다. 여행 전에 미리 현지의 정보 습득이 중요한데 서점에 있는 몇 권의 안내서로 충분하며, 가능하면 자유 여행의 경험이 있는 사람의 생생한 뉴스도 도움이 된다.

아마 인도가 배낭여행의 천국인 것은 저렴한 물가와 언어 소통 그리고 세상 어느 곳에도 존재하지 않은 문화적 특수성 때문이다. 인도 길은 고생이지만 다시 올 수밖에 없는 숙명을 지녔다고 하는 것은 이곳에서 삶의 바닥을 확인하고 여행자의 일상적인 고통을 위안 받기 때문이 아닐까? 오랜 시간 작품을 마음껏 보고난 만복감 같은 걸 느끼며 우리는 파이브라타스와 해안 사원을 향해 발걸음을 서둘렀다.

파이브라타스는 오랜 세월 모래가 쌓여 잊혔는데 다행히 영국 통치기에 사원을 발굴하여 현재의 모습을 볼 수 있다고 한다. 멀리서 바라보니 파이브라타스는 디즈니랜드의 작은 모형 가옥을 닮았다. 그러나 가까이 갈수록 커다란, 그러나 낯선 석조물이 하나씩 드러나며 보는 이에게 자신을 자랑하듯 선보이고 있다. 모두 하나의 돌을 조각해 건물 형상을 만들었는데, 인

마하발리푸람 파이브라타스 전경

간이 이럴 수가! 하는 감탄과 함께 눈에 넣어도 아프지 않는 아름다움에 홀려 한참 시선을 떼지 못한다. 균형·비례·안정·화려 등 수사를 동원해도 그 아름다움을 모두 표현할 길이 없다.

　과거 이곳에 거대한 바위군이 존재했고, 천년 전 어느 날 위정자는 해안을 시찰하는 중 석공에게 바위를 가리키며 사원을 조각할 것을 명령했을 것이다. 위정자의 명령은 선택 사항이 아니며 더구나 신의 거처를 만드는 일이다. 젊은 석공은 수십 년이 걸리는, 아니 그의 생애에 완공을 보지 못할 수도 있는 역사에 망치를 들고 돌 한 조각을 쪼아낸다. 벵골 만의 파도는 그때나 지금이나 이곳 해안을 넘나들고 있다.

　곧바로 입장하지 않고 주변을 한 바퀴 둘러보기로 했다. 이 조각에는 누군가 명명한 『마하바라타』에 등장하는 판다바의 다섯 아들의 이름이 붙여졌는데 입구에서 차례로 드라우파티, 아르주나, 비마, 다르마, 전면의 니쿨라사하데바가 함께 파이브라타스를 형성하고 있다. 그러나 니쿨라사하데바는 쌍둥이의 이름인 니쿨라와 사하데바의 합성어로 판다바의 다섯 아들과 『마하바라타』의 주제어인 다르마가 명명되었을 가능성이 있다고 생각해본다. 그것은 드라우파티 라타는 두르가 신전이며 아르주나 라타는 시바 신전, 비마 라타는 비슈누, 니쿨라사하데바는 인드라 신을 모시고, 아르주나 라타는 시바를 위한 신전으로 시바 신전이 동일한 장소에 두 군데 건립되어 있기 때문이다. 최초의 아르주나 라타는 비슈누 신전보다 초라해 삼신 중 시바의 권위가 가장 막강한 시기에 새로운 라타를 건립하고 다르마 라타라 명명했을 것이라 상상해본다. 두 시바를 위한 신전은 피라미드형으로 크기만 다를 뿐 양식적으로 동일하며 후대에 시바 사원의 전범이 되고 있다.

라타란 '거(車)', '화려한 가마'를 의미하며 신전과 관련이 있다. 실제로 쿰바코남의 촐라 시대 아이바라테스바라 사원이나 코나라크의 힌두 사원, 유명한 함피의 비탈라 사원 등 석조 건물에 코끼리나 소가 끄는 마차를 조각했는데 정교한 석조 바퀴가 일품으로 힌두교 사원 조각의 상징이 되고 있다. 불교나 힌두교에서 행상의례(行像儀禮)가 연중 정기적으로 행해지며, 이날 신자들이 가두에서 신을 맞아 축제를 연출하며 열광하는 장면을 지금도 볼 수 있다. 사원에 모셔둔 신상은 화려한 마차를 타고 길가에서 열광하는 신도들 앞에 등장하는데, 신을 태운 장엄한 마차는 신전을 상징하였을 것이다.

경내에 들어서자 눈앞에 예쁜 사당이 보인다. 일명 드라우파티 라타로, 규모는 작지만 아름다운 지붕 곡선과 처마의 문양이 일품이다. 억새로 엮은 전래의 우진각 지붕을 원형으로 조각된 사당인데, 건물 앞에 탈것 사자가 있는 두르가 여신을 모신 사원이다. 전술했듯이 두르가는 사자를 타고 악신 물소마신을 살해한 여신이며 시바의 화신으로 존경받는다. 입구의 측면과 외벽감에 두르가의 협시가 한 구씩 조각되고 내부 벽에는 여신과 좌우에서 경배하는 인물상, 위쪽에 난쟁이 신 4구가 고부조로

생동감 있게 조각되어 있다.

  우측 아르주나 라타는 높이 약 6m로 방형 피라미드 형식의
3층 석조 건물인데 역시 하나의 돌을 조각했다. 기단 4면에 각
종 동물상을 환조 기법으로 배열하고 벽감에 방정함과 따뜻함
이 느껴지는 미투나 입상들이 조각된 화려한 신전이다. 상부
에 시카라로 불리는 왕관 형태의 대형 관석과 아래층 모서리마
다 동일한 관석을 장식했으며, 사이마다 원통형 장식을 추가하
여 공들인 흔적이 역력하다. 신전을 한참 바라보며 신전보다 배
정도 큰 바위를 정으로 깎아내리는 매우 힘든 작업이라는 생각
을 해본다. 신의 저택은 기능성보다 상징성을 더욱 중요하게 생

드라우파티 라타 내부의 〈두르가 여신상〉

각하여 번잡한 장식도 마다하지 않는 것 같다. 건물 뒤에 소가 조각되어 시바를 모시는 사원임을 알 수 있는데, 노천의 암석을 조각하다 보니 난디가 정위가 아닌 사원 뒤쪽에 마련되었다. 차라리 인간의 관심이 덜한 넓은 바위에 편하게 걸터앉은 난디에게는 고향처럼 편한 장소다.

아르주나 라타와 다르마라자 라타 사이의 비마 라타는 전술한 가네샤 라타와 동일한 양식의 건물로 규모가 크고 1층 종방향 전후면에 개방형 열주를 설치하여 신전의 기능을 강화했다. 2층은 이 건물의 상징인 원통형 맞배지붕이 강조되고 양단을 차이티야 형식으로 마감했으며 지붕 벽에도 차이티야 환기창을 마련하여 전체적으로 석조인데도 경량감과 부드러운 느낌을 주고 있다. 사원 내부에 미완성작인 〈누워 있는 비슈누상〉이 있다.

또 하나의 동일한 피리미드 형식인 우측 끝에 지어진 다르마라자 라타는 아르주나 라타보다 높은(10.6m) 4개 층으로 이루어진 이곳에서 가장 큰 석조 건물이다. 각층 창문마다 인물상을 조각하여 사람이 거주하는 실제 건물을 번안했음을 암시하고 있

파이브라타스의 다르마라자 라타   파이브라타스의 비마 라타

다. 주초에 사자가 조각된 팔라바 양식의 열주가 보이고, 상단에 성소를 마련하여 시바와 파르바티, 아들 소마스칸다가 있는 〈소마스칸다 부조상〉과 태양신 수리야, 번개의 신 인드라도 모셨다. 5개 사원 중 유일하게 명문이 남아 있는데 위대한 왕인 나라심하 바르만 2세(630-668)를 칭송하는 내용이 기록되어 축조 시기를 짐작할 수 있다고 한다.

비마 라타 전면의 나쿨라사하데바 라타는 인드라 또는 아이야나르 신전으로 규모는 작지만 정교하고 균형을 갖춘 아름다운 건물이다. 전방 후원 형식의 평면이며 전랑에 개방형 2개 기둥이 설치되어 초기 불교 차이티야 석굴의 충실한 계승으로 보인다. 전체적으로 3층 건물 형식인데 각층마다 외부에 소형 관석이 대량 조각되어 화려한 장식이 돋보인다. 지붕은 원통형으

파이브라타스의 나쿨라사하데바 라타

나쿨라사하데바 라타 지붕 마감 형식

로 비마 라타와 달리 한쪽 마감이 반구형인데, 석굴의 종단면을
상징하는 초기 형식으로 보인다. 건물 우측에 인드라의 탈것인
실물 크기의 코끼리 조각이 있다.

이 건물은 기원전 서부 데칸고원의 불교 석굴에서 직접적인
영향을 받았을 가능성이 많다. 바자나 카를라 불교 석굴의 차
이티야당 외관과 평면은 굽타 시기까지 유행하는데, 이것은 원
래 고대의 전통 목조 가옥을 번안한 것으로 학자들은 기원전 3
세기 무렵의 로마스리시 석굴이나, 산치의 토라나 부조에서 보
이는 구자라트의 고대 진흙 건물 등에서 양식적 기원을 설명하
고 있다.

굽타 시기 건물인 군투르 체자를라의 차이티야당은 지붕 길
이가 7m, 폭이 2.7m로 이 라타와 동일 양식으로 보이는데, 비

다르마라자 라타 외벽 조각   다르마라자 라타 외벽 조각 인물상

교적 작은 벽돌 건물로 볼트 형식의 내부 아치는 안쪽으로 벽
돌을 내어 쌓는 방식(corbeling)으로 축조되었다. 돔이나 볼트 등
건축의 구조적 문제가 아직 해결되지 않은 상태에서 전통 계승
을 위한 무리한 시도로 보이나 종교 시설의 보수성과 상징성을
잘 보여주고 있다. 이 건물은 원래 불교 사당인데 현재 힌두교
사당으로 전용되었다고 한다.

　그리스 석조 건물은 2천 년이 넘는 세월 동안 유럽의 건축·
미술·음악 등 생활 전반에 그 흔적을 남기고 있다. 이곳의 석조
물들 역시 인도 전래의 초옥이나 목조 건물 그리고 석굴 등에
조상의 지혜를 집약시켰다. 처음에는 성소가 마련된 작은 규모
의 사당으로 출발하여 후대에 이르면 힌두 신전의 상징인 본전

과 수문으로 자리매김하며 높이 60m가 넘는 대형 비마나, 고푸람 등 인도 사원 건축의 상징이 되고 있다.

발걸음을 돌려 바닷가로 향했다. 인도는 거대한 대륙이지만 서쪽 아라비아 해와 동쪽의 벵골 만, 남으로는 인도양에 둘러싸인 반도 형세다. 아라비아 해를 통해 일찍부터 그리스·로마·페르시아 등과 교류가 빈번했고 대항해시대에는 유럽 열국의 침탈이 얼룩진 곳으로 인도인은 항상 긴장된 시선으로 바다를 주시했다. 그러나 동쪽의 벵골 만은 미얀마·말레이반도·수마트라로 둘러싸인, 인도의 종교와 문명이 전파된 자랑스러운 해역이다. 고대의 팔라바·촐라·비자야나가르 왕조 등 영광의 역사가 기록된 바다로 항상 해가 떠오르는 이곳 벵골 만은 인도인에게 희망이며 부의 원천이었다.

바닷가에 건립된 해안 사원Shore Temple은 칸치푸람의 카일라사나타 사원과 함께 나라심하 바르만 2세가 재위했던 7세기경에 이 지역에서 최초로 만들어진 석조 사원이다. 당시 7개의 사원이 건립되었으나 현재는 하나만 남아 있다고 한다. 세계적 문화유산으로 주목받고 있는 엘로라 석굴의 카일라사 석굴은 8세기 작으로 건축적 기원을 이곳 팔라바 왕조 대의 사원에 두고 있다. 해안 사원은 파이브라타스 중에 아르주나 라타나 다르마 라타를 크게 확대한 형태로 여러 층으로 이루어진 피라미드형이다. 해안 사원은 두 개의 크고 작은 사원을 구성하는데 두 사원의 기단과 외벽이 연결되어 하나의 사원으로도 볼 수 있다. 큰

사원에 시바의 링가를 모시고 작은 사원에 비슈누 신을 모셨
다. 링가를 모시는 사원 내벽에 시바 신의 가족을 보호하는 비
슈누 신과 브라흐마 신이 조각되어 시바를 중심으로 해석한 힌
두교의 삼신 사상을 이곳에서도 볼 수 있다. 아름다운 바다를
배경으로 황량한 벌판에 세워진 사원은 심플하지만 고졸한 아
름다움이 느껴진다. 세계유산에 등록된 후 파도나 바람에 의한
침식을 막기 위해 해안 쪽으로 방풍림을 심었다고 한다.

　마하발리푸람에서 칸치푸람으로 가는 길은 한가롭고 전원이

풍요로워 보였다. 하루에 두 곳의 유적을 모두 관람하려는 계획
은 처음부터 무리였다. 오후 3시경 번잡한 칸치푸람 시내에 도
착한 우리는 서둘러 사원을 찾았으나 교통이 붐비고 렌트카 기
사의 무지로 세 곳의 사원 탐방 계획은 축소해야 했다. 특히 이
곳의 카일라사나타 사원이 중요했으나 위치를 찾아 헤매다 어
둠이 찾아와 포기하고 마는 우를 범하고 말았다.

　고대 팔라바 왕조의 수도였던 이곳 칸치푸람은 그 옛날 영화
는 사라지고 거대한 고통의 바다로 변해 있었다. 길을 가득 메
운 사람들과 릭샤, 자동차들이 시커먼 먼지 속에 뒤엉켜 지옥을
방불케 한다. 골목마다 온통 쓰레기로 가득 차서 역한 냄새가
진동하는데 천년 전의 도시 인프라는 지금의 인간 무리를 견디
지 못하고 신음하고 있다. 그러나 인도의 행정은 마비되고 사람
들은 아무런 대책도 없이 오물을 버리고 또 버리고 거리에선 무
조건 끼어들고 경적을 울리며 떠들고 있다. 이렇게 살아야 하는
이유가 무얼까? 인간이 빈곤과 고통과 오염 속에서 희망이 없는
세월을 언제까지 참고 살아야 하는가? 우리는 길이 막혀 꼼짝
못한 채 차 안에서 오랜 시간을 더위와 싸워야 했다.

　어둑한 늦은 시간에 어떤 사원에 도착했다. 오래된 사원처럼
보였으나 지금도 참배객으로 붐비며 매캐한 향불 사이로 금속
악기 소리가 요란하다. 어두운 성소에서 희미한 촛불 아래 힌두
사제가 부부로 보이는 두 사람의 기도에 응답하며 무언가 주문
같은 걸 외고 있다. 아마 그들의 소원을 듣고 축복하는 장면일

파이브라타스를 관람하는 인도 현지인들

것이다. 그들은 사진을 찍어대는 낯선 우리에겐 관심이 없어 보
인다.

　사원 마당엔 어미 개와 새끼 개들이 서로를 바라보며 칭얼대
고 있다. 충격적인 장면이다. 주인 없이 노천에서 살아가는 이
개들은 굶주려 죽어가고 있었다. 어미젖을 빨다 지친 새끼 개들
은 앙상한 가죽과 뼈만 남은 채 움직일 기운도 없는지 비틀거
리고 있다. 인간의 굶주림이 이 짐승에게도 무관치 않아 보인다.

인간은 이 거대한 신전을 마련하여 위대한 신을 초청했지만 신은 살아 있는 것들에 관심이 없어 보인다. 그렇다면 이곳에 사람과 짐승이 존재하는 이유가 무얼까? 본능은 누구 편이며 번식하는 이유는 무얼까?

답답하고 우울한 심사를 진정하며 첸나이에 도착한 시간은 밤 10시에 가까웠다. 【남인도인문기행】

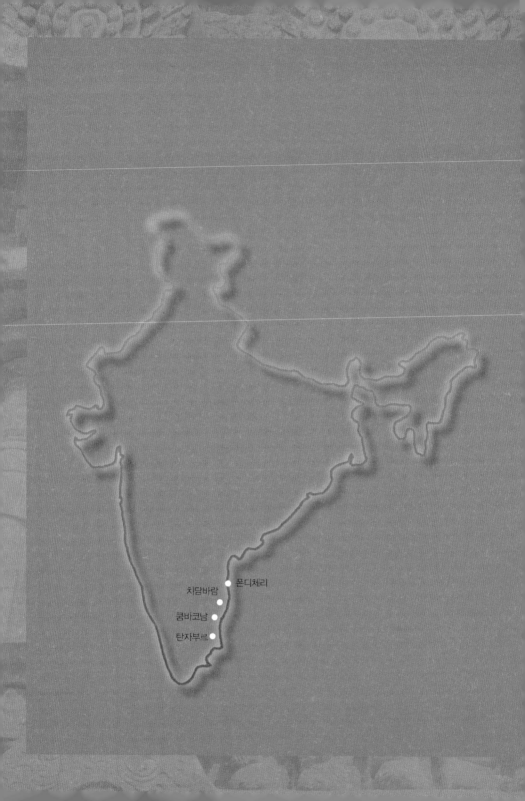

폰디체리

치담바람

쿰바코남

탄자부르

천년 전 석조 사원 건축의 정점을 찍은 촐라 왕국

폰디체리, 치담바람, 쿰바코남, 탄자부르

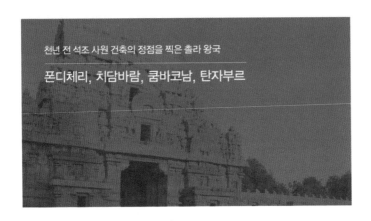

천년 전 석조 사원 건축의 정점을 찍은 촐라 왕국

폰디체리, 치담바람, 쿰바코남, 탄자부르

폰디체리

우리는 촐라 왕국의 수도였던 고도 탄자부르 가는 길에 해변 휴양지이자 새로운 종교가 만들어낸 커뮤니티로 유명한 오로빌 Auroville을 보기 위해 폰디체리에서 2박을 계획했다. 폰디체리는 프랑스가 상관을 건설한 1673년부터 독립 후 인도에 반환될 때까지 약 250년 동안 프랑스령으로 번영을 누린 곳이다. 파도치는 해변에 건설된 폰디체리는 도시 규모는 작지만 구획이 잘된 비교적 깨끗한 도시다. 특히 해변의 신도심은 프랑스 통치 시기에 건설된 건물과 교회가 인상 깊은 곳이다.

힌두 철학자 오로빈도(1872-1950)와 마더에 의해 1926년 창설된 오로빈도 아슈람은 시내에 위치하며 지금은 교육기관으로 사용

폰디체리 식민지 시대의 교회

폰디체리 오로빌의 반얀나무 숲

되고 있다. 건물 안쪽 아름다운 꽃이 만발한 정원에 두 사람의 무덤이 있는데, 무덤 곁에서 두 손 모아 기도하는 참배객들이 줄을 잇고 있다. 그들의 표정은 진지하며 전 세계에서 모인 듯 인종·국적도 다양하다.

시내에서 북쪽으로 약 10km 정도 떨어진 곳에 오로빈도의 후계자인 프랑스인 여성 미라 알파사(1973년 97세로 사망, 마더로 호칭)가 제창하여 만들어진 이상 도시 오로빌에는 현재 약 2000명 이상의 신도가 공동체를 이루며 살고 있다. 버스에서 내린 우리는 관람객 사이에 끼어 오로빌의 중심에 있는, 명상의 홀로 불리는 마트리만디르Matrimandir까지 걸었다.

한 30분쯤 지나자 100년 이상 된 거대한 반얀나무 숲이 이어지고 숲이 끝나는 곳, 넓은 초원 한가운데 골프공 모양의 거대

한 금빛 건조물이 눈에 들어온다.

외벽은 접시 형태의 금속 판넬을 이어 만들었는데 이 낯선 구체는 우주의 기가 모여 응축되는 시설로 내부에서 수양과 기도를 하면 영성을 얻게 된다고 이곳 신자가 귀띔해준다. 건물을 중심으로 주변에 신도들의 거주 지역이 산재해 있고 그들은 전 세계에서 모인 오로빌 공동체로 몇 달씩 이곳에서 기도하며 생활하고 있다.

21세기를 살아가는 우리에게는 설명될 수 없는 것들이 많지만, 고대의 불탑에서 볼 수 있는 접시 형태의 상륜부와 구체도

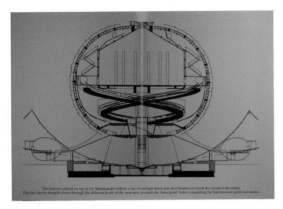

The horizon placed on top of the Matrimandir reflects a ray of sunlight down into the Chamber to touch the crystal at the centre. This ray travels straight down, through the different levels of the structure, to touch the 'Lotus pond' below completing the link between spirit and matter.

오로빌의 마트리만디르 설계 단면

이곳의 시설과 관련이 있어 보이며, 현대의 우주 안테나 가 접시형태로 금속재인 것 을 감안하면 이들의 수고가 불가능하다고만 볼 수 없다. 우주의 음성과 기를 집약시 키는 현대적 장치가 아닐까 생각해본다.

이들 공동체가 운영하는 해변의 게스트하우스는 줄 서서 기다려야 할 정도로 여행객 사 이에 인기가 좋다. 한국돈 만 원 정도면 숙소가 제공되는데 규 율이 엄격해 술이나 담배가 금지되고 수련에 방해되는 잡담도 금하고 있다. 그러나 이곳에서 제공되는 자연 식단과 깨끗한 정 원은 훌륭한 호텔로도 손색이 없다. 아침마다 야자 숲 사이로 동해의 일출을 볼 수 있고 밤에는 밀려드는 파도소리에 잠을 이루지 못한 곳이다. 이곳 투숙객들은 매우 친절하여 낯선 여행 객을 따뜻한 미소로 맞아주고 종일 명상과 요가 수련으로 일상 을 보내고 있다.

이제 본격적인 힌두 사원 답사를 위해 탄자부르까지 차량을 임대했다. 탄자부르는 이곳에서 버스로 약 6시간쯤 걸리는 남 쪽에 있는데 도중에 치담바람의 나타라자 사원 등 유명한 사원 이 산재하여 답사를 효율적으로 하기 위해서였다. 인도에서 차

폰디체리 해변의 게스트하우스 일출 광경   폰디체리 해변의 게스트하우스 정원

량 임대는 기름값이 비싸 운행 시간에 맞추어 요금이 정해진다.
인도의 도로는 대부분 좁은 2차선인데 중앙선이 언제든지 추월
할 수 있는 흰색 점선으로 되어 있어 곡예 운전은 선택 사항이
아니라 법이며 필수 요소로 보인다. 차 뒷면에 경적을 울려달라
는 'HORN PLEASE'를 써 붙이고 액셀러레이터와 브레이크를
번갈아 밟고 클랙슨을 울리며 질주하는데 식은땀이 날 정도다.
익숙해지는 데 상당한 시간이 필요할 것 같다.

치담바람

  2시간 후 도착한 치담바람은 순례자가 많은 사원 도시로 스

춤추는 시바

리 나타라자$^{Sri\ Natarajar}$ 사원이 대표적으로 유명하다. 스리 나타라자는 '성스러운 춤추는 왕'이라는 의미로 춤추는 시바 신을 이른다. 파괴의 신인 시바가 춤추고 있는 동안은 우주가 존속한다고 하는데 10세기 전후 촐라 왕국을 중심으로 매우 유행한 도상으로 석상보다는 청동상으로 많이 제작되었다. 시바 신은 춤을 통해 자신을 구체적으로 드러내며 동시에 영원한 에너지를 표출시킨다. 춤은 세계를 창조했던 잠자는 에너지를 일깨우는 창조적 기능을 갖는다고 한다. 인도 철학자 아난다 쿠마라스와미는 "시바의 춤은 종교나 예술에서 표현될 수 있는 신의 활동 중에서 가장 뚜렷하고 뛰어난 모습이다."라고 하였다.

4개의 팔을 가진 시바는 역동적인 동작으로 춤을 추고 있다. 우측 손의 작은 북은 신의 진리를 전달하는 소리를 나타내고 좌측 손바닥에 불길이 솟는데 불은 우주의 파괴를 상징한다. 우측 아래의 손은 펼쳐 손바닥을 보이는데 두려워 말라는 표시이며, 좌측 손은 코끼리 코처럼 우측 아래로 길게 뻗어 발을 가리키고 있다. 위로 치켜든 왼발은 해방과 구원을 의미하고, 오른발은 속세의 구속을 강요하고 정신적 깨달음을 방해하는 악령을 딛고서 우주에서 생사의 과정을 상징하는 불의 고리 안에서 영원의 춤을 추고 있다. 이와 같은 도상은 시바 신의 5가지의 행위를 보여주는데, '우주 창조'와 '유지', '파괴' 그리고 '신성의 본질을 숨기는 것'과 '참된 지식'이라 한다. 역동적이며 인간적인 춤을 추는 시바의 상은 위엄과 두려운 신

스리 나타라자 사원의 고푸람 하부 조각 〈링가에서 현현하는 시바 신〉

의 모습에 익숙한 우리에게 낯설지만 새로운 영감을 주고 있다.

이 사원이 창건된 것은 11세기 촐라 왕조 시대이며 이후 17세기까지 수백 년 동안 지속적으로 건립되었다. 남인도 지역은 기원후부터 힌두 왕조가 계승했는데 이슬람의 침탈도 비교적 적어 힌두 사원은 파괴되지 않고 계속 확장되어 지금처럼 유지될 수 있었다. 외곽의 담장은 규모가 320m×240m이며 초기에 건립된 본당보다 주위의 탑문이 높은, 후기 남방형의 사원 구조로 되어 있다. 동서남북 네 곳의 고푸람은 크기가 모두 다른데, 가장 오래된 것은 동문으로 13세기경에 건조되었으며 남문은 49m로 가장 높다. 이 사원은 전체적으로 복합단지형으로 파르바티 사원(14세기)은 서북쪽에 돌출하여 배치되고, 천주당(17세기)·가네샤 신전·무르간 신전 등으로 이루어진 본당, 북쪽에는 회랑

스리 나타라자 사원의 경내 고푸람

으로 둘러싸인 대규모의 시바 강가 연못이 있다.

입구에 차를 세워두고 사원으로 향했다. 주변에는 상가가 밀
집하고 도로가 끝나는 곳에 세워진 고푸람은 사다리꼴로 거대
한 몸체가 압도적이다. 벽면에는 신상을 빈틈없이 조각하고 원
색조의 페인트를 칠했는데, 아름다움보다는 기괴한 남인도 힌
두교의 정취가 짙게 느껴진다. 상부에는 이미 장식화된 차이티
야식 지붕 위에 12개의 감로수 병이 조각되어 이 사원의 격과
위상을 보여주고 있다.

신발을 벗고 경내에 들어서니 외곽 담장과 넓은 통로 그리고

스리 나타라자 사원의 외곽 사원　　　　　　　　스리 나타라자 사원의 시바 강가 연못과 북쪽 고푸람

또 다른 고푸람이 눈에 띈다.

공들여 쌓은 높은 담장 위에 일정 간격으로 난디(소) 석상이 배치되어 푸른 하늘을 등진 소들이 낯선 풍경을 연출하며 이곳이 시바 신이 계신 곳임을 암시하고 있다. 담장을 따라 천천히 한 바퀴 돌아본다. 곳곳에 세월의 때가 묻은 사당과 고식 건물들이 인상적이며 방향을 바꿀 때마다 불쑥불쑥 고개를 내미는 고푸람은 우리가 다른 세계에 와 있는 것 같은 착각을 느끼게 한다. 특히 넓은 시바 강가 연못은 회랑에 둘러싸여 있고 북쪽의 고푸람이 길게 물에 투영되어 잔잔한 아름다움을 연출하고 있다.

사원에 들어서니 내부가 어두워 잘 보이지 않는데 어디선가 귀청이 터질 것 같은 금속성 악기 소리가 진동하고 매캐한 향

불 사이로 힐끗 힌두 사제의 모습이 눈에 띈다. 예배 시간인 듯 신도에게 둘러싸여 집전하는 모습이 진지하다. 어둠에 차츰 익숙해지니 눈앞에 펼쳐진 기둥 숲이 가히 압도적이다. 높이 5m쯤 되는 거대한 사각형, 원형 기둥은 검은색 현무암을 조각하여 빼곡히 배열했는데, 규모와 조각은 일품으로 당대의 건축조각 기술을 잘 보여주고 있다.

힌두 사원의 천주당은 초기에는 성소가 있는 비마나 전면에 만다파라 불리는 조그마한 집회 공간으로 시작했으나 후대에 신도 수가 급증하며 천주당으로 발전했다. 남인도에서 처음 대

하는 대형 힌두 사원에서 나는 비로소 힌두 건축에 점차 익숙
해지며 고대 인도인이 이룩한 세계의 문화유산을 경외의 눈으
로 보기 시작했다.

쿰바코남

오후에는 쿰바코남 근교의 사원을 우선 둘러보기로 했는데
유명한 강가이콘다촐라푸람의 브리하디스와라 사원과 다라수
람의 아이바라테스바라 사원이 있다. 이 두 사원과 탄자부르
의 브리하디스와라 사원은 촐라 왕국의 대표적인 사원으로 모
두 2004년 세계문화유산에 등록되었다. 축조 시기는 10세기 전
후로 모두 비슷하나 규모는 탄자부르의 브리하디스와라 사원이
남인도의 최고로 꼽히며, 사원 조각은 12세기 작인 아이바라테
스바라 사원이 뛰어나다.

쿰바코남 북쪽 약 35km에 위치한 작은 마을인 강가이콘다
촐라푸람은 11세기 한때 촐라 왕조의 수도로서 지명에는 '갠지
스를 정복한 촐라 왕조'라는 뜻이 있다. 지금은 넓은 곡창지대
로 변모했지만 당시 이 지역이 왕국의 수도로 번성했음을 짐작
해볼 수 있다. 멀리서도 금방 눈에 띄는 사원은 고색 찬란한 황
토색 석조 건물인데, 높이 55m의 본전이 파리의 에펠탑처럼 평
지 위에 우뚝 서 있다.

강가이콘다촐라푸람의 브리하디스와라 사원 경내 난디 석상

강가이콘다촐라푸람의 브리하디스와라 사원 입구 수호신상

강가이콘다촐라푸람의 브리하디스와라 사원 담장 부조상

쿰바코남 강가이콘다촐라푸람의 브리하디스와라 사원 전경

이 사원은 라젠드라 1세(1012-1044)가 선대의 왕이 건설한 탄자부르의 브리하디스와라 사원을 모방하여 건설(1025년 준공)한 것이다. 본전(비마나)은 탄자부르의 사원(63m)보다 낮지만 완성도는 대등하여 두 유적 모두 촐라 왕조의 최대 걸작으로 꼽힌다. 동서 중심축에 배치된 사원의 평면은 폭 33m, 길이 102m이며, 비마나(본전)는 곡선으로 유연한 아름다움을 갖추고 있다. 만다파 내부에는 150여 개의 열주가 장관을 이루는데 후대 천주당의 효시가 되었다.

위풍당당하다는 표현이 어울릴까? 지구상의 고대 왕국들은 당대의 건조물을 통해 국력을 과시했는데, 고대의 피라미드와 페르시아의 페르세폴리스가 대표적인 작품일 것이다. 나는 천년이 된 촐라의 명작을 바라보며 먼저 피라미드를 떠올려본다. 피라미드는 높이가 140m로 규모가 배 이상 되며 축조 시기도 수천 년을 훌쩍 넘어 외형적인 비교는 불가능할 수 있지만, 층층이 조각해 쌓아올린 이곳의 석조물은 피라미드의 단순성을 뛰어넘고 있다.

이 고대 사원의 경내는 지키는 자도 없이 개방되어 있다. 관람자는 우리뿐인데 푸른 하늘과 초원을 배경으로 우뚝 서 있는 거대한 석조물은 낯선 우리를 지켜보고 있다. 사원 전면에 거대한 석조 난디가 시바를 향해 지키고 있고, 공들여 쌓은 높은 담장 벽에는 감실을 만들어 신들을 조각해놓았다.

비마나는 만다파를 겸하고 있는데 외형이 하나의 구조체로

강가이콘다촐라푸람의 브리하디스와라 사원 비히라 측면

강가이콘다촐라푸람의 브리하디스와라 사원 담장 벽감 부조상

강가이콘다촐라푸람의 브리하디스와라 사원 외벽 조각

3. 천년 전 석조 사원 건축의 정점을 찍은 촐라 왕국 _ 75

보이며 방형 2층 기단과 피라미드 형식의 다층탑, 꼭대기에 왕관형의 시카라를 설치하여 그 위용을 과시하고 있다. 돌은 붉은색 화강암으로 보이며 벽면에는 각종 신상들과 그들의 이야기가 빼곡히 부조되어 있다. 아직도 붉은 채색의 흔적이 남아 있는 사원 외벽은 기둥 창호 등이 궁전 양식을 모방하여 화려하다.

이 건물이 축조된 비슷한 시기에 인도의 북쪽에선 유명한 카주라호 힌두 사원이 건립되었는데, 사원 건축과 조각의 모티프가 두 사원이 확연히 구분되어 인도 대륙이 넓다는 것이 실감난다. 인도 중부의 데칸고원은 인도의 정치사나 문화사에 단절이라는 큰 영향을 미친 것 아닌가 하는 생각이 불쑥 들었다.

오후 4시에 가까웠지만 우리는 서둘러 쿰바코남의 또 하나의 명소인 다라수람을 향해 차를 재촉했다. 쿰바코남 서쪽 4km에 위치한 아이바라테스바라 사원은 내가 답사한 타밀나두 주의 힌두 사원 중 가장 아름다운 유적이다. 안내를 자청한 현지인의 힌두교에 대한 지식과 조각을 해석하는 눈이 해박하여 이곳의 유적을 이해하는 데 많은 도움이 되었다. 안내가 끝난 후 적은 수고비를 정중히 사양하는 그의 뒷모습에서 인도인의 자부심 같은 걸 느끼며 여행자는 잠시 행복했다.

사원은 동쪽에 출입구를 내고 전면에 조그마한 난디실을 마련했다. 출입구 주변의 높은 담장 위에 드문드문 난디가 졸고 있고 아담한 고푸람이 자태를 드러낸다. 고즈넉하다 할까 세련되

아이바라테스바라 사원 외벽감의 신상

었다고 할까, 석양빛에 반사된 붉은 색조의 화강암 조각이 너무도 훌륭해 잠시 생각을 멈추고 바라본다. 고푸람에 조각된 각종 신상들은 모두 살아 있는 듯 얼굴에 생기가 넘치고 신체의 탄력이 느껴진다. 후대의 소조상과는 비교가 되지 않는 품격을 보여주고 있다.

이 고푸람은 초기 형으로 마하발리푸람의 위대한 시도가 현실화된 작품이다. 상층 구조는 후기의 거대한 고푸람에 비해 높이가 낮으나 아름다움과 균형미가 뛰어나다. 후대의 거대해진 고푸람에서 인간의 물욕과 권력의 과시욕 같은 냄새가 나기 때문일까? 나는 이 고푸람에서 남인도 드라비다 건축조각의 정수를 맛보고 있다. 상단의 만병과 각층 창호 문 장식 등은 섬세한 솜씨로 실물을 재현했는데, 수백 개의 돌조각이 장인의 손을 거치며 하나의 작품으로 새로운 생명력을 얻었다. 아름다운 작품이다.

경내에 들어서니 높은 기단 위에 단층 만다파와 후면에 5층 비마나 그리고 주변 회랑이 한눈에 조망된다. 신을 모시는 사원이지만 권위가 느껴지지 않는 따뜻함이 배어 있는 사원이다. 비마나 높이는 25m에 불과하지만 건물 조각이 매우 뛰어나며 상부 시카라와 함께 훌륭한 비례 감각을 보여주고 있다. 사원 벽에는 다른 사원과 마찬가지로 건물 기둥과 신상이 조각되고 주변은 화려한 문양이 장식되었다. 조각은 수준 높고 축조 당시의 채색이 남아 있어 품격과 감동을 더한다.

아이바라테스바라 사원 고푸람 상부 조각

기단 아래에는 고대 인도인의 일상을 소재로 조각했는데 해학적이고 상징성이 강해 친근감이 느껴지는 걸작이다. 이 지역의 다른 사원 조각과는 양식적인 차이를 보여주는데 16세기의 비자야나가르 왕조의 수도 함피 사원 조각의 선구로 보이며, 12세기 무렵 이곳 사원에 도입된 배경이 궁금하다.

만다파 좌측 측면에는 사원을 수레(라타)에 비유한 듯 코끼리나 말, 수레바퀴 등이 섬세하게 조각되어 있다. 비슈누의 9번째 화신으로 격하되신 부처가 바퀴 밑, 잘 보이지 않는 곳에 계신다. 인도 땅에서 천년이 넘는 세월 동안 유일무이의 존재이신 부처님께서 라타 바퀴 아래 어두운 곳에서 명상하고 계신 초라한 모습이다. 종교란 무엇이며 인간의 역사에서 성인은 어떤 의미를 갖고 있는지 다시 한 번 생각해본다.

사원 내부의 천장과 기둥에도 채색이 남아 있고 격자형 정교한 천장 조각이 이채롭다. 이곳의 조각 밀도나 완성도는 촐라 왕조 사원 중에서 가장 아름답다고 평가된다.

아이바라테스바라 사원 경내의 사원 전경

아이바라테스바라 사원 만다파 좌측 라타

아이바라테스바라 사원 외벽감의 링가 시바상

호텔에서 바라본 탄자부르 브리하디스와라 사원

탄자부르

저녁 늦은 시간에 탄자부르에 도착해 여장을 풀었다. 오늘 하루 종일토록 관람한 사원 이야기로 밤을 새우며 감동이 이어진다. 이곳에서 남인도 힌두 사원의 대표적인 면모를 본 것 같다. 그렇다, 힌두교 미술은 우리에게 재조명되어야 한다. 시대가 앞선 인도의 불교미술은 영국 강점 때부터 간다라 불교미술을 중심으로 많은 학자가 배출되어 현재 미술사의 주요 부분을 차지하고 있는 반면, 힌두 미술은 매우 빈약한 편이다. 물론 불교의 영역과 유물의 국제성에 그 당위성을 찾을 수 있지만, 인도 땅에 순수하게 남아 있는 힌두 미술은 사상과 모티프의 다양성

브리하디스와라 사원 비마나 관석　　　　　　　　탄자부르 브리하디스와라 사원 외벽 회랑

측면에서 여타 종교미술을 압도하며 미적 관점에서도 주목할 가치가 있다고 본다.

　이른 시간 비교적 높은 호텔 창밖에 탄자부르 시내가 한눈에 조망된다. 새벽 연무 속에 야자수와 도시가 어울리며 아름답다는 생각을 해본다. 열차는 끝이 보이지 않고 멀리 역사에서 손님을 싣기 위해 정차 중이다. 비교적 높은 이슬람 사원의 탑과 교회 성당도 눈에 띄는데, 이 도시의 백미는 브리하디스와라 사원이다.

　높이 63m의 본전은 주변 건물을 압도하며 위용을 자랑하고 있다. 망원렌즈로 바라보니 상부 관석인 시카라와 사각뿔형 몸체가 자세히 드러난다.

시카라는 하나의 돌을 조각해 20층 빌딩 높이인 63m 위에 올려졌는데 무게가 무려 81톤에 달한다고 한다. 성인 1500명에 해당하는 무게다. 천년 전 운송 장비나 기중기가 없던 시절에 인력만으로 이 엄청난 역사를 이룬 촐라 왕조의 위정자와 민중에게 현대의 건설 전문가는 경의를 표하고 싶다. 우선 그들의 역사가 궁금하다.

팔라바 왕조는 데칸 지역의 사타바하나 왕조의 세력이 쇠퇴하는 3세기 후반에 점차 세력을 얻어 6세기 말 싱하비슈누와 마헨드라 바르만 1세(600-630) 시기에 수도 칸치푸람을 중심으로 번성했으나 9세기 말 촐라 왕조에 의해 멸망했다. 촐라 왕조는 2세기경 상가마Sangama 시대에 처음 등장하나 다시 850년경부터 세력을 떨치는데, 팔라바 왕조의 봉건 제후인 비자얄라야(850-871)가 탄자부르를 정복하여 촐라 왕의 가계를 이었다.

촐라 왕조(846-1279)를 재건한 비자얄라야의 계승자인 아디트야 1세(871-907)와 파란타카(907-947)의 통치 기간에 촐라 시대의 특징을 보여주는 사원이 건립되기 시작했는데 886년에 완성한 쿰바코남의 라자나게슈바라 사원이 있다. 이후 셈비얀 마하데비 여왕 역시 10세기경에 60년 이상을 사원 건축에 매진했다. 사원에는 그녀와 관련된 명문이 많이 남아 있는데 980년경에 건립한 시바나타라자 사원이 대표적이다. 여왕 셈비얀의 손자인 라자라자 1세는 985년에 왕위를 계승하고 지금의 탄자부르인 카베리 강 부근의 작은 왕국에서 군대를 육성하여 거대한 제국을

브리하디스와라 사원, 싱가포르에서 여행 온 인도인 가족(위)   브리하디스와라 사원에 참배온 힌두 신도들(아래)

브리하디스와라 사원 외벽 마카라   브리하디스와라 사원 물받이 조각

만들었다. 탄자부르 브리하디스와라 사원의 건립자인 그는 북
쪽의 찰루키아와 체라, 남쪽의 판디아 왕조를 물리친 후 스리랑
카까지 정복하여 명실상부한 남인도의 지배자가 된 것이다.

　라자라자 1세는 1012년 아들인 라젠드라 1세에게 왕위를 물
려주고 4년 동안 아들과 공동 통치를 했다. 라젠드라1세[1012-1044]
는 인도 북부의 비하르와 오리사에 출정하여 신성한 갠지스 강
까지 이르렀으며, 촐라의 최전성기에는 동남아시아를 그의 영향
권에 두어 말레이반도·수마트라·자바에 진출했고 중국·미얀마
와도 외교 관계를 유지했다. 그는 전술한 강가이콘다촐라푸람
의 브리하디스와라 사원의 건립자이다. 촐라 왕들의 재위 기간

은 평균 30년이 넘어 안정된 통치 기반과 정복지에서 획득한 부
와 노동력을 이용하여 이처럼 기념비적인 사원 건축에 매진할
수 있었다고 생각된다.

브리하디스와라 사원Brihadishwara Temple은 시바 사원으로 힌두교
남방 형식 사원 건축의 최고봉으로 평가받는다. 1987년 세계유
산에 등록되었으며, 부지의 면적은 120m×240m에 달하고 2중
의 성벽으로 성과 속을 구분하고 있다. 탑문은 관례대로 동쪽
에 있고 동서 중심축을 따라 2개의 고푸람·난디 사당·2개의
만다파·전실·비마나가 일직선상에 배치되고 외곽 성벽을 따라
긴 회랑을 두었다.

성벽의 탑문인 2개의 고푸람은 초기 형으로 후대의 것보다
규모는 작으나 견고한 하부 게이트와 섬세한 조각이 돋보인다.
경내에 들어서면 만다파 전면에 난디를 위한 사당이 마련되어
있다. 거대한 흑색 황소상은 인도에서 두 번째로 크며 높이가
4m에 달하고 25톤의 무게를 자랑한다. 시바의 탈것인 황소상
은 주로 흑색을 선호하며 사원마다 크기를 경쟁하는 것 같다.

2개의 만다파 후면에 시바 링가(높이 4m, 둘레 7m)를 모신 남인도
최대의 본전(비마나)이 보인다. 모두 14개 층으로 구성되었는데, 하
부 2개의 층은 방형 기단 역할을 하고 상부는 높은 피라미드형
으로 강가이콘다촐라푸람의 본전에 비해 견고한 남성미가 느껴
진다. 비마나는 시바 신이 거주하는 카일라스 산을 상징한다고
한다. 탑의 꼭대기를 장식한 거대한 관석(시카라)은 원래 왕관 형태

로 공들여 조각하여 도색했고 정상부에 구리로 만든 물병인 칼라샤를 설치했는데, 라자라자 왕이 1010년에 직접 기증했다고 전한다.

63m 높이의 인간이 만든 석조 건조물은 피라미드를 제외하곤 현재까지도 기록이 유지되고 있다. 철골 등 건설 자재와 장비가 발달된 지금은 높이 800m의 건물에도 도전하지만 천년 이전의 상황은 지금과는 다르다. 물론 스리랑카의 흙과 벽돌로 축조한 불탑은 이미 로마 시기에 100m를 달성했고, 기록상 아시아의 목조 불탑도 거대했으나, 촐라의 석조물은 또 다른 성취물로 문명사의 새로운 장을 개척한 것은 틀림없다. 더구나 지진과 벼락에 취약한 고층 석조 건물이 1천 년 동안 남인도를 지키고 있는 점은 경이 그 자체다.

본전 주변의 회랑에는 검은색 시바 링가가 끝없이 도열되어 있고 벽에는 유명한 프레스코화가 있다. 모두 15개의 장면으로 나뉘며 각 면마다 힌두 신화가 주제별로 그려졌는데 대부분 후대인 16세기 나야카 왕조 대의 작품이라고 한다. 일부 하부에서는 창건 당시의 작품도 발견되어 주목받고 있다. 끝이 보이지 않는 긴 회랑의 천연색 벽화와 바닥에 도열한 검은색 링가는 여행객에게 이곳이 낯선 이국의 종교 현장임을 실감케 한다.

프레스코화는 안료를 잘 흡수하도록 젖은 석회층에 도색하는 수법으로 도료는 청금석·석회·그을음·황토·목재 등에서 추출한 천연 재료를 사용했다고 한다. 인도에서 고대 회화는 조각

브리하디스와라 사원 난디 사원

브리하디스와라 사원 외부 회랑의 링가상

브리하디스와라 사원 외부 회랑의 프레스코 벽화

에 비해 매우 드문 편으로 굽타 시기의 아잔타 석굴과 이곳의
프레스코화가 학자들의 주목을 받고 있다.

비마나 기단에 새겨진 명문에 의하면 새로운 수도에 천승을
기념해 이 사원이 축조되었음을 알 수 있다. 왕명 라자라자는
'왕 중의 왕'이라는 뜻으로 거대한 링가의 이름도 '라자라제스
와라'라고 명명했는데 왕(라자라자)과 시바 신(이스와라)을 합성해 왕과
신을 동일시하고 왕권의 절대화를 꾀하려는 정치적 의도가 보
인다. 우주의 통치자는 시바 신이며 지상의 왕은 라자라자라는

강력한 메시지가 아닐까? 어느 시대를 막론하고 신의 권력과 왕의 권력은 동전의 양면과 같다. 당대의 민중만 무지할 뿐이다.

라자라자 1세는 이 사원을 7년에 걸쳐 완성⁽¹⁰¹⁰⁾하고 2년 후 권좌에서 물러난다. 왕권을 물려받은 아들 라젠드라 1세 역시 32년의 통치 기간 중 벵골 만의 지배자로서 나라를 반석 위에 올려놓은 왕으로, 할머니 셈비얀 마하데비 여왕의 후광이 아들과 손자에게 이어지며 한 세기를 풍미했다고 할 수 있다. 항상 영웅은 훌륭한 여성에게서 태어난 법이다.

비마나는 이 사원을 정점으로 차츰 규모가 적어지며, 후대의 사원들은 점차 고푸람이 강조되면서 본전보다 커지고 천주당이 성소와 예배실을 겸하게 된다.

사방에 어둠이 밀려온다. 이제 아쉬움을 뒤로하고 사원 밖을 나설 시간이다. 라자라자, 라자라제스와라를 되뇌어본다. 뒤를 돌아보니 거대한 그들의 그림자가 세상을 덮고 있다.

【남인도인문기행】

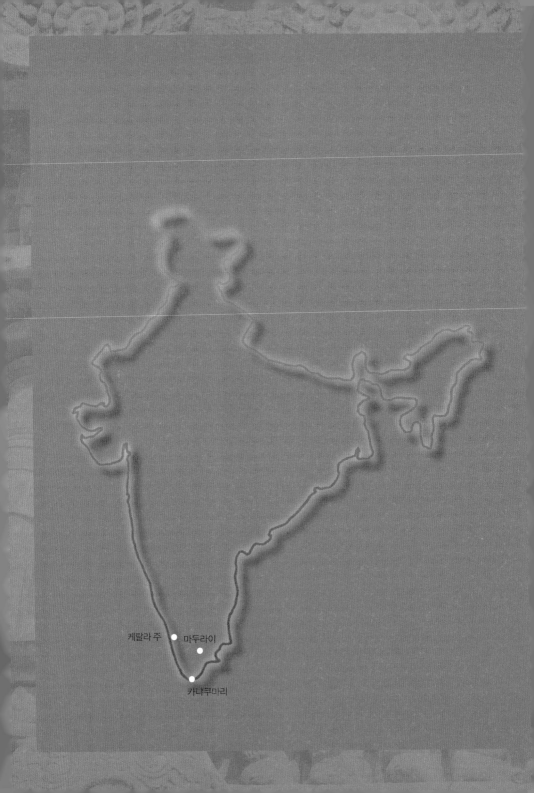

케랄라 주 ● 마두라이

카냐쿠마리

힌두 왕국의 꿈은 남쪽 바다에 이어지고

마두라이, 카냐쿠마리, 케랄라 주

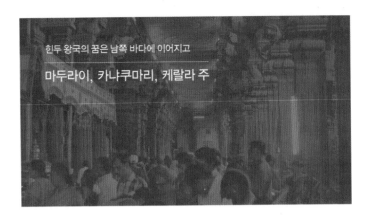

힌두 왕국의 꿈은 남쪽 바다에 이어지고

마두라이, 카냐쿠마리, 케랄라 주

마두라이

스리미낙쉬 사원Srimeenakshi Temple은 이 지역에서 가장 이른 시기인 5, 6세경에 개착되었으나 현재의 모습은 대부분 라야 왕조(1336-1565) 시기 이곳의 지방영주인 나얄의 후원으로 16세기에 건립되었다고 한다. 다른 곳의 사원과 마찬가지로 중앙에서 밖으로 점차 확대되는 방식으로 축조되어 오늘에 이르고 있다.

미낙쉬는 '풍요를 상징하는 물고기의 눈을 가진 여신'이란 뜻이 있다. 미낙쉬는 원래 드라비다 민족의 토착 여신으로 이 땅에서 오랜 세월 동안 사랑받았는데, 후대에 힌두교 세력이 확대되며 자연스럽게 시바 신과의 결합하여 유명한 그의 부인(파르바티)으로 모셔지게 되었다고 한다. 원래의 미낙쉬 남편 알라카르는

마두라이 호텔에서 본 스리미낙쉬 사원 고푸람

미낙쉬의 오빠로 격하(?)되었는데, 신들도 인간 세계의 권력 다툼과 그들의 상상력을 뛰어넘지 못하는 모습이다. 이 사원은 미낙쉬, 즉 파르바티와 시바 그리고 그들의 자식 가네샤와 난디를 모시는 사원으로 시바의 직계가족이 주인공이다.

파르바티는 슬픈 사랑의 주인공인 사티로 브라흐마 신의 아들인 다크샤가 아버지로 등장한다. 『마하바라타』에 의하면 다크샤는 양의 머리에 인간의 모습을 하고 있는데, 시바가 목을 베어 양의 머리를 붙였기 때문이라고 한다. 시바와 파르바티의 사랑하는 아들인 가네샤의 스토리가 이미 예견되고 있다.

아버지의 완강한 반대에도 불구하고 사티, 즉 파르바티는 시바를 사랑하여 결혼했으나 아버지의 반대가 계속되자 결국 자신의 몸에 불을 질러 자살하고 만다. 이에 격노한 시바 신은 다크샤를 철저하게 파괴하고 그녀를 안은 채 세상을 떠돌다가 비슈누 신의 도움으로 사티의 유해는 잘게 잘려 지상으로 흩어져 수많은 성지가 되었고, 평정을 되찾은 시바 신은 다시 수행에 정진했다고 한다. 후에 파르바티로 환생한 사티는 시바의 시험을 이겨내고 재결합하여 여성미의 상징이자 시바 신이 가진 힘의 원천인 배우자가 된다. 이 사티의 이야기에서 시바 신의 힘의 원천은 샥티라는 여성의 아름다움, 즉 성력의 힘으로 표현된다는 사실이다. 파르바티는 그의 능력에 따라 우마·바이라비·안비카·가우리·칼리·두르가 등 많은 별칭으로 불린다.

하루에도 만 명이 넘는 신도로 붐비는 남인도 최대의 순례지인 이 사원은 구시가지의 중심에 있는데 사원과 도시가 구분되지 않는 사원 속의 도시이며 도시 안의 사원으로 주변이 온통 순례자를 위한 거대한 바자르를 형성하고 있다. 고대의 사원은 신앙과 정치·경제·사회의 중심 역할을 하여 사원의 승려가 위정자 못지않은 권력을 소유했음이 짐작된다.

광대한 사원(260m동×220m서) 주변에 높이 20m가 넘는 견고한 담을 두르고 동서남북에 설치한 고푸람, 즉 거대한 탑문으로 입장

스리미낙쉬 사원 담장의 기초 조각상

하는데 검색이 삼엄하여 무장 테러 세력을 경계하는 모습이다.
성벽은 전투용 방어의 목적으로 축조된 성이 아닌 듯 망루나
적을 공격하는 시설은 갖추지 않고 성벽 상단에 일정한 간격으
로 황소 난디가 한가하게 앉아 있다. 고푸람은 이 도시의 상징
으로 어느 곳에서도 조망이 가능한데, 처음 이곳에 도착한 우리

는 호텔 창밖에 거대한 4개의 고푸람이 현대 건물을 압도하는 낯선 풍경에 매료되어 한동안 공상과학 영화를 보고 있는 듯 흥분되었다.

사원의 고푸람은 총 12기로 축조 시기와 크기가 모두 다르다. 이 중에서 동서남북의 4개 고푸람이 사원을 대표하며 규모도 가장 크다. 기단은 견고한 석재로 구성되어 상부 탑신을 지탱하고, 수직으로 우뚝 선 사다리꼴 탑신은 벽돌로 만들었다. 하늘을 찌를 듯이 높은 벽체에 소조로 만든 수천 신상을 빼곡히 조각하고 채색했는데, 군상의 기괴한 표정과 동작이 보는 이를 엄습하고 있다. 동문은 스리미낙쉬 사원의 정문으로 본전인 시바 신을 모신 순다레스와라 사원을 향해 동서 축을 형성하고, 통로 주변에 천주당과 바자르 등이 형성되어 인파로 붐비는 곳이다. 남문은 1599년에 준공된 9층 건물로 높이가 60m에 달해 인도 최고의 고푸람으로 꼽히고 있다. 20층 높이의 건물과 맞먹는 탑신 벽에는 다양한 채색을 한 신과 악마 등 3300구가 표면에 조각되어 있다. 조각도 지난한 작업이지만 엄청난 양의 천연 소재 염료가 소요된 작업에 놀라울 따름이다. 우리는 숙소와 가까운 북문으로 입장하여 동문을 향해 사원 광장을 천천히 걸었다.

이른 시간, 사원 광장에는 관광객은 보이지 않고 신자들이 드문드문 모여 있는데, 상의를 벗고 검은색 사리를 걸친 남성 신도들과 아름다운 배색配色의 사리로 온몸을 휘감은 여성 신도

마두라이 스리미낙쉬 사원 고푸람 북문

집단이 예배 시간을 기다리고 있는 듯 보도에 한가로이 앉아 담소하고 있다. 인도인의 색상에 대한 감각은 훌륭하다. 힌두교에서 노란색과 빨간색은 행운의 색, 흰색은 신성한 색으로 즐겨 찾으며 검은색은 악령 퇴치의 색으로 특정 힌두 신도들이 착용하고 있다.

천주당의 실제 기둥은 985개라 전한다. 이곳의 천주당은 쿰바코남의 스리 나타라자 사원의 천주당을 이은 16세기의 명품으로 빼곡하게 나열된 거대한 기둥들은 조각이 모두 다르다. 오늘

날처럼 대량생산은 불가능하고 985개 모두 수공으로 만든 작품인데 공력이 대단했을 것이다. 입구에 들어서면 첫 번째 기둥은 사랑의 신이며 카마의 부인인 라티의 상이 백조 위에 앉아 있는 모습으로 조각되고, 두 번째 기둥에는 가네샤 신이 기둥 하단을 장식했으며, 네 번째 기둥에는 음악과 학문의 여신인 사라스바티상이 비나라는 악기를 연주하고 있는 모습이 아름답다. 현재 박물관으로 사용하고 있는 천주당 내부에는 기둥 사이마다 촐라 시대의 청동상과 남인도의 석상들이 대량 전시되어 있는데 위용과 아름다움에 홀려 발길이 떨어지지 않는다.

본전인 순다레스와라 사원 내부에 들어서자 천주당과 동일한 규모의 기둥 숲이 보이고 여기저기 각종 신상들과 시바의 상징인 링가가 보인다. 신자들은 자신에게 복이 되는 신을 찾아가 기도하고 묵상하는데, 대표 신은 링가로 표현된 시바이지만 그는 민중의 눈높이에 맞추어 여러 모습으로 변신하여 사원 곳곳에서 신자를 맞고 있다. 이곳은 사진 촬영이 엄격히 금지된 곳으로 힌두 사제가 신자들에 둘러싸여 집전하는 모습이 곳곳에서 눈에 띈다. 향불을 피워 실내가 더욱 어두워진 가운데 금속 악기와 잔잔한 북소리는 분위기를 한층 고조시키고 있다. 힌두 사제는 만트라를 염송하며 신자 한 사람씩 머리에 축복의 세례를 베풀고 신자들의 표정은 감격으로 가득 차 환희에 젖는 모습이다.

남인도의 힌두 사제들은 타밀인이 아닌 순수 아리안계로 보

스리미낙쉬 사원 동문 천주당 박물관 내경

스리미낙쉬 사원 동문 천주당 박물관 석상

스리미낙쉬 사원 동문 천주당 박물관 석상(부분)

스리미낙쉬 사원 순다레스와라 사원 내경(위)   스리미낙쉬 사원 정화의 연못(아래)

인다. 큰 키에 코가 오뚝한 백인의 모습을 한 그들은 외모가 현지인하고는 다르다. 그렇다, 인도 최고의 계급 집단인 브라만들이다. 그들은 수천 년을 이어오며 현재에도 미래에도 그들만의 순수한 혈통으로 사원의 권력을 장악하고 있는 것이다. 그들은 그들이 제정한 법 속에서 상당 기간 고등교육을 통해 힌두 사제를 양성해가면서 대를 이어 드라비다인의 수장 역할을 하고 있다. 아! 이곳의 타밀인이여, 80%가 넘는 인도의 수드라와 불가촉천민들이여, 시바는 누구 편인지 생각해보았는가?

어두운 신전 내부를 2시간쯤 둘러보고 밖으로 나왔다. 태양이 눈부셔 한동안 눈을 뜨지 못한다. 정화의 연못에서 신도들이 목욕을 하고 아이들은 수영을 하고 있다. 이곳은 거대한 고푸람에 새겨진 신들과 신도가 목욕하는 곳으로 이곳에서 바라본 금색 지붕의 순다레스와라 사원과 스리미낙쉬 사원은 매우 아름답다. 그뿐이다.

미래의 인도와 힌두교를 다시 생각해본다. 기원전 5세기쯤 이 땅에도 선각자가 있어 인간은 평등하며 깨달음으로 윤회의 굴레에 벗어날 수 있다고 역설했다. 그러나 천년쯤 지난 후 이곳 사람들은 선각자의 가르침을 망각하고 스스로 카스트에 몰입하며 어두운 힌두 신전에서 만신의 축복을 또다시 기다리고 있었다. 시대를 막론하고 민중은 우매하여 소수의 엘리트의 지배를 받는 걸까? 아리안과 드라비다, 그들은 영원히 동화될 것 같지 않다.

스리미낙쉬 사원 순다레스와라 사원 기둥 조각

스리미낙쉬 사원 순다레스와라 사원 벽면 부조

스리미낙쉬 사원 고푸람 기단부의 쌍어문

스리미낙쉬 사원 신상 앞의 어린이

고푸람의 기단부에 물고기 두 마리가 마주 보는 모티프가 조각되어 있어 눈길을 끈다. 미낙쉬의 이름이 '물고기의 눈을 가진 여인'이라는데 그녀의 상징일까, 아니면 우리나라 김해의 쌍어문 신화와 관련이 있을까? 수로왕의 허 왕후께서 실존하셨다면 이곳 남인도에서 출발했을 가능성이 높다.

물고기 두 마리가 마주 보는 모티프는 이곳에서 가까운 고대 자이나교 사원의 담벼락에도 보인다.

카냐쿠마리

　10여 일간의 타밀나두 주 힌두 유적 답사를 끝으로 마두라이에서 장거리 버스를 이용해 인도 대륙 최남단을 향해 가는 길이다. 12월이지만 그동안 더위와 싸워가며 힘든 여정이었다. 쭉 뻗은 고속도로를 따라 서고츠 산맥이 이어지고 끝없이 펼쳐진 전원엔 짙푸른 야자수와 바나나가 나그네의 심사를 어루만지고 있다. 창가로 스쳐가는 초옥과 이곳에 사는 사람들이 아름답다는 생각을 해본다. 푸른색과 녹색의 향연이랄까? 도심의 오염과 번잡함을 떠나 신선한 자연을 대하니 또 다른 감동의 물결이 밀려온다. 사람들은 왜 이 넓고 평화로운 풍요의 대지를 떠나 도시로 향하는 것일까? 먹고, 살며, 사랑하는 것은 이곳이 더 풍족할 텐데……. 그들의 도시에는 도대체 무엇이 있을까?

카냐쿠마리 해안 전경

카냐쿠마리 일출을 기다리는 인도 여행객들

카냐쿠마리는 휴양지로 유명한 곳이다. 산과 바다 그리고 논밭이 어울려 지상의 낙원과 같은 정경을 연출한다. 동쪽의 벵골 만과 서쪽의 아라비아 해가 이곳에 모여 인도양과 조우하는 곳으로 바다 건너 보석의 섬 스리랑카가 있다. 이곳은 인도에서 유일하게 바다에서 일출과 일몰을 동시에 감상할 수 있는 곳인데, 파라다이스라는 단어가 떠오른다. 대항해시대 때 유럽의 범선들이 몇 달 동안 파도, 열병과 싸우며 도착한 이곳에서 생존의 기쁨을 만끽하며 서로 부둥켜안고 눈물 흘리며 환호했을 모습이 눈에 선하다.

그리스, 로마의 역사서에 이곳이 '성스러운 고모리'라고 기록되었다고 한다. 일반적으로 쿠마리Kumari는 예지 능력을 가진 처녀신으로 한국의 무당과 같은 존재라고 할 수 있다. 힌두교에서는 신의 배우자로 신의 힘인 샥티가 소녀의 육체를 빌려 세상에 나타난다고 믿고 있다. 쿠마리 신앙은 인도 북서부 펀자브 지방과 네팔에서 성행하며 그들이 믿고 있는 쿠마리 신은 현존하여 좀 복잡한 캐릭터를 갖고 있다. 뜻밖에 이곳 인도 최남단에서 만난 쿠마리 신은 그 기원은 알 길이 없으나 힌두 사원인 쿠마

카냐쿠마리 해변 고깃배들과 교회(위)　　　　카냐쿠마리 바다에서 세정하는 힌두 신도(아래)

카나쿠마리 현지 여성 경찰관

리 암만 사원이 해변을 바라보는 도심 가운데에 있으며 신도들의 행렬이 이어지고 있다.

지구상 어느 곳이나 바다에 면한 도시는 내륙보다 개방적이다. 힌두교가 만연한 이 지역 역시 기독교가 밀려오며 대규모 천주당과 각종 교회당이 시내 곳곳에 건립되어 신도들이 공동체를 이루며 성업 중이다. 새벽엔 교회 종소리를 시작으로 찬송가 확성기 소리가 바람에 울려 퍼지고, 해 뜰 즈음이면 이슬람의 살라 외침 소리가 더하여 독특한 정서를 간직한 곳이다.

교회 주변, 비교적 청결한 골목길을 걷다 보면 대문이 모두 개방되어 있고 방 안에는 예수님 초상과 성모마리아상이 보인다. 왠지 이들의 얼굴엔 보통의 힌두교인과 다른, 활력이 넘치고 이웃과 교류도 활발한 듯하며 낯선 우리에게도 미소를 보여준다. 운명을 숙명으로 생각하는 힌두교인과 노력하면 천당에 갈 수 있다는 믿음으로 충만한 기독교인과는 차이가 있어 보인다.

해변에 있는 고딕 건물인 란솜 천주당The Church of Our Lady of Ransom 의 안내판에 예수의 제자 도마가 이곳에 도착했었다는 글귀가 있고, 성당 내부에는 십자가를 중심으로 성가대석과 설교단 그리고 신도석이 있다. 도시에 비해 성당의 규모가 너무 크다. 상당한 규모의 재정이 투입되었을 이 성당의 지원자는 식민 지배자나 교황청일 것이다.

이곳에서 뭄바이까지 서남부 해역은 15세기경 포르투갈을 선두로 스페인·네덜란드·영국에 의해 500년이 넘는 침탈로 얼룩진 곳이다. 그들이 앞세운 선교사의 전리품인 양 곳곳에 유럽 형식의 교회와 성당이 남아 있다. 이제 서구의 천주당도 인도의 명물이 되어 동방에서 온 여행자에겐 또 하나의 흥미로운 낭만거리다.

그러나 이곳의 진정한 명물은 앞바다에 있는 작은 섬인 비베카난다 바위로, 19세기 말 힌두교의 종교 개혁가인 비베카난다가 명상에 잠긴 곳이다. 비베카난다는 영국 지배기에 서양 사상의 영향을 받은 힌두 지도자 중 한 사람이다. 그는 유명한 라마크리슈나(1836-1886)의 제자로 그의 메시지를 전 세계에 알리는 운동에 참여했다. 그는 고대 인도 경전인 베다로 돌아가야 한다고 역설하고 카스트 철폐를 주창했다. 그의 이름이 붙여진 비베카난다 섬에 그의 기념관이 세워지고 거대한 인물상이 바다 한가운데에 서 있는데, 옛 타밀의 시인인 티루발루바르Thiruvalluvar의 동상이다.

800년경 하층민 출신인 티루발루바르는 유구한 힌두교의 역사에서 본격적인 개혁운동이 시작된, 기원전 6세기의 마하비라

카나쿠마리 비베카난다 성당과 티루발루바르 석상

와 석가모니를 이은 개혁가로 꼽히며, 타밀어 시인으로도 유명하다. 그는 신의 은혜에 의해서만 구원받는다고 역설했으며, 시를 통해서 "가난한 사람에게 베푸는 것만이 유일한 선물이다. 나머지는 모두 주고받을 뿐이다."라고 주장했다.

　바다 한가운데에 우뚝 선 그의 동상은 인도의 자유의 여신상이라 불리는데, 높이 약 41m로 연인원 5천 명이 투입되어 2000년에 완공되었다고 한다. 일출과 일몰시 붉게 물든 바다 한가운데에 우뚝 선 인물상과 기념당은 상당히 이국적이며 인상 깊은 장면을 연출하고 있다. 인도의 사원과 조각은 근세의 작품에서도 장중함이 느껴진다.

카나쿠마리 비베카난다 성당과 티루발루바르 석상

카나쿠마리 식당에서   카나쿠마리 청년들

　바다 끝 바위 위에 간디의 화장된 유해를 모신 곳을 기념하기 위해 지어진 석조 사당에 올랐다. 간디와 비베카난다, 그리고 티루발루바르가 인도 최남단 바닷가에 함께 모여 있다. 그들은 모두 인도와 인도인을 사랑했고, 지금의 인도인들은 그들을 따르며 조금씩 변해가고 있다. 힌두교가 진정 신을 위한 종교가 아닌 인간을 위한 종교로 변하고 있다. 창업보다 개혁이 어렵다고 한다.

　해변에 있는 힌두 신도의 목욕장인 가트에는 신도들로 하루 종일 북적인다. 이곳은 해수로 몸을 정화하고 기도하는 곳인데, 일출 시간에는 신도들이 바다에 운집하여 두 손 모아 떠오르는 태양을 향해 기도하는 장면이 아름답다.

기도 중인 이들을 향해 어디선가 성당의 종소리와 이슬람의 기도 시간을 알리는 확성기 소리가 울리고 있다. 인도 대륙 남쪽 끝에서 세계 3대 종교의 성찬이 이어지며 서로 평화롭게 공존하고 있는 정경이다. 수천 년을 이어온 힌두교의 성지에서 대륙에서 내려온 이슬람교와 바다에서 전입한 기독교가 쿠마리의 은총으로 종교의 자유를 만끽하며 인도의 미래를 다투고 있다.

케랄라 주

12월 6일 눈을 뜨니 새벽 3시, 한국 시간으로는 아침, 아직도 관성 때문인지 잠을 뒤척인다. 몸에 밴 습성은 무섭다. 살아온 일상이 지금의 나를 만들었고, 현재 나의 생각과 생활 방식이 또 다른 미래의 나를 창조해 나갈 것이다. 아마도 불가에서 이야기하는 윤회는 유전자가 활동하는 과정, 즉 삶 속에서 태와 업을 쌓아가는 것을 이르지 않을까? 날이 밝아오자 이 지금의 유전자가 미래의 인류를 결정한다는 사실과 인간의 행위, 신의 역할 등을 생각해보며 파도치는 해변으로 향한다. 부드러운 바람과 맑은 공기 그리고 주변의 산들이 차츰 뚜렷이 보이기 시작한다. 내 생애에 다시 마주하기 힘들 것이다.

사흘간의 충전을 끝낸 후 다시 짐을 꾸려 북쪽으로 향한다. 인도에 도착한 지 12일 만에 타밀나두 주를 벗어나고 있다. 한국인에게 인도 대륙은 크다.

케랄라 주는 인도에서 비교적 작은 주에 속하는데도 남한 면적의 1/3 정도의 크기이며 인구는 약 4천만이다. 동쪽엔 서고츠 산맥이 이어지고 서쪽으로는 아라비아 해가 면해 있어 농토는 적은데 인구밀도는 높아 인도에서도 가난한 주에 속한다. 도로변 곳곳에 대형 붉은 깃발이 펄럭이고 있다. 깃발에 옛 소비에트연방의 국장인 낫과 망치가 교차하는 인장이 그려져 있는데 지구상에 아직도 이런 곳이 존재한다는 사실이 의심스럽다.

케랄라 주의 주도 트리반드룸

이 지역 사람은 남한보다 북한이 더 친숙한 듯 코리아 하면 북
에서 왔느냐고 되물어 우리를 당혹케 했다. 이 지역의 국제 뉴
스 역시 북한의 동정을 비교적 비중 있게 다루고 있다. 50년 전
의 시계가 이곳에서는 아직도 작동하고 있었다. 인도의 네루, 유
고의 티토, 이집트의 나세르와 북한의 김일성이 제3세계 지도
자로 명성이 높은 시절이 있었다. 그렇다, 이곳은 가난 때문인지
아직도 자유보다 평등의 가치가 소중한 곳이다.

트리반드룸은 케랄라 주의 주도로 인구 약 100만에 가까운 큰 도시다. 그러나 도시에 고층 건물은 보이지 않고 시골과 구분이 되지 않을 정도로 평범하다. 남단에서 이곳까지 약 80km 2차선 도로변은 주 전체가 도시인 양 가옥과 상가가 끝없이 이어지고 있다. 도심은 비교적 깨끗하고 거리마다 신호등이 있어 교통을 통제하는데도 택시와 릭샤가 불만없이 기다리며 운행하고 있다. 오랜만에 보는 신기한 모습이다. 참고 기다리는 길이 더 빠르다는 사실을 이 도시는 깨달은 것일까? 종교적인 깨달음보다 일상에서의 깨달음이 현세에선 더 행복을 가져다준다. 버스를 타기 위해 줄 서서 기다리는 인도인을 보며 이곳의 행정가는 뛰어난 개혁가일 것이라는 생각을 해본다. 전술했지만 인도는 교통과 쓰레기 문제로 여행객을 괴롭히는데, 서구 문물을 일찍 받아들인 서쪽 도시부터 질서가 잡혀가고 있는 모습이다.

이 도시는 철도를 중심으로 남북으로 나뉘는데, 북은 신시가지로 유럽풍의 건물이 즐비하고 남쪽은 번잡한 구시가지에 사원과 왕궁이 있다. 북쪽은 식민 지배자의 구역이고 남은 원주민, 즉 피지배자의 땅이다. 다음 날 릭샤를 이용해 북쪽의 공원을 찾았다.

공원에는 동물원과 주립박물관, 미술관 등 볼거리가 의외로 풍성하다. 열대우림을 그대로 옮겨온 듯 도심의 동물원에서 스트레스 받지 않고 사는 각종 동물들이 인상적이다. 이곳의 박물관은 영국 통치 시기에 건립되었는데 인도 전래의 목조 가옥을

트리반드룸 주립박물관

되살려 검은 색조의 목조 프레임과 붉은 격자 벽이 어울려 장
중함과 세련미가 넘친다. 각종 부재마다 상상 속의 동물과 신상
을 조각하고 실내 천장은 길상문이 가득하여 건물이 하나의 예
술품이다.

박물관 뒤로 숨어 있는 듯 숲 속에 일반 가옥처럼 생긴 작은
미술관이 보인다. 이 지역 근현대 작가의 작품이 1층과 2층에
나뉘어 빼곡히 전시되고 있는데, 조각상의 아름다움을 현대적

코알람 비치(위)   백워터크루즈 전경(아래)

으로 해석하기 위한 시도가 돋보인다. 인도는 세계에서 유래가 없는 종교미술의 보고로, 장구한 세월동안 누적된 조상들의 아름다움을 현대의 화가가 감각만으로 재현하는 것은 역부족이다. 종교미술은 진리와 선함과 아름다움이 함께해야 하며 작가는 신을 사랑해야 한다.

이곳에서 릭샤를 타고 1시간쯤 남쪽으로 이동하면 인도에서 가장 아름답다는 해변, 코알람 비치가 있다. 분명 야자수와 모래사장 그리고 밀려오는 아라비아 해의 파도는 멋진 분위기를 연출하고 있지만 단지 그것뿐, 간단한 식사와 기념사진 한 장 찍고 돌아섰다.

다음 일정은 버스 편으로 6시간쯤 북쪽에 위치한 케랄라 주 최대의 항구도시 코친이다. 처음에는 트리반드룸과 코친 사이에 유명한 백워터크루즈를 이용해 북상하기로 계획했으나 무거운 짐을 들고 승하차와 승선을 거듭하는 일이 번거롭고 힘들 것 같아 포기했다.

인도의 버스는 유리창 대신 철제 셔터를 설치하여 멀리서 보면 장갑차처럼 생겼다. 무더운 날씨에 차 안에서 고구마 신세가 될 생각을 하니 아찔했으나 철판이 강렬한 태양열을 차단하는데 더욱 효과적이라는 것을 깨닫는 순간, 도전과 응전이라는 단어가 떠올랐다. 버스 차장과 커뮤니케이션 문제로 코친 버스스탠드를 지나치는 바람에 우리는 30도가 넘는 무더운 날씨에 양손에 배낭을 들쳐메고 1시간 이상 걸어야 했다. 인도인들이 영

코친의 인도 해군들   코친 항에 정박한 외항선들

어를 모두 잘하는 것은 아니다. 배낭여행에서 방심은 꼭 대가를
요구한다.

코친은 현대화된, 매우 활기찬 도시다. 고대부터 동서 무역항
으로 발달했으며 근세에도 포루투갈과 네덜란드, 영국 등의 각
축장으로 유명한 곳이다. 이곳에는 대형 화물선이 정박해 있고
인도 해군기지가 있다. 내륙 신도시에는 각국의 다국적기업의
공장과 사무실이 즐비하여 국제적인 면모가 드러나는 곳이다.
우리는 현지인과 함께 관광선에 승선하여 바다로 향했다.

지저분한 선창과 달리 10여 분간 배를 타고 바다로 나가니 상
큼한 공기가 밀려오며 각종 물새들이 고기 잡는 모습이 보인다.
섬에는 유명한 중국식 어망 10여 채가 고기를 잡기 위해 설치
되어 있다. 석양과 해변의 야자수를 배경으로 고식의 대형 어망
으로 고기 잡는 풍경이 아름답기는 한데 지금은 관광용인 듯

실속은 별로 없어 보인다. 명나라 시절 광동성의 중국인들이 이곳에 정착했고, 그들의 고기 잡는 기술이 지금까지 이어지고 있다고 한다. 그들의 내력이 궁금하다.

섬에는 인도 최초의 교회인 성프란시스코 교회가 옛 모습 그대로 보존되어 있다. 이 교회는 16세기경 포르투갈 식민지 시절에 건립되었고 유명한 항해가 바스쿠 다 가마가 묻혀 있다고 전해진다. 교회 건물 외관은 유럽 등 남미를 비롯하여 전 세계의 포르투갈 식민지에서 흔하게 볼 수 있는 형식이다. 세계 곳곳에서 그들의 정복지를 기념하는 듯 끝없는 그들의 야욕에 마음이 편치 않다. 그러나 역사는 변하는 법, 현재의 유럽 경제 위기 속에 포르투갈은 백척간두의 벼랑에 서 있다.

여행 중 인도의 역사와 외부의 침략자 그리고 그들의 흔적인 건조물에 대해 생각해보았다. 아리안과 드라비다의 문명이 인도의 양대 축이라면 후대에 전입된 이슬람과 유럽의 문명은 분명히 이질적인 요소가 있다. 그러나 이슬람 세력이 인도에 건설한 타지마할과 왕궁, 성채 등에서 볼 수 있듯이 인도인과 인도 자연과의 융합이라는 새로운 기원을 쓰고 있는 반면, 유럽에서 수입된 그리스의 고전과 중세의 고딕은 아직도 이곳에서는 이방인처럼 보인다.

결코 세월의 길고 짧음이 문제일 수는 없다. 개인적으로 2천년 세월을 간직한 간다라미술에서도 인도적 순수한 아름다움을 찾을 수 없다면 이는 종교만의 문제도 아니다. 그렇다면 아

름다움은 피동이며 익숙함이며 친숙함이 아닐까?

그러나 인류가 유구한 세월을 사는 동안 지구 어느 곳에도 주인이 따로 존재할 수는 없는 법, 문명과 문화의 차별은 별로 의미가 없어 보인다. 그래서인지 현대의 인도인은 오늘도 곳곳에서 자기 집 건물 기둥에 코린트식 주두를 흉내 내기 위해 콘크리트를 쏟아 붓고 있다.

오늘로 우리의 여정이 반을 돌아서고 있다. 자축을 겸해서 고급 호텔(?)에서 만찬을 즐기며 지금까지의 성공적인 답사를 회

코친 섬의 성프란시스코 성당

상해본다. 마하발리푸람의 조각과 칸치푸람의 석조물들 그리고
카냐쿠마리의 아름다운 자연은 밤새워 들이키는 맥주 안주로
손색이 없다. 인도는 술이 인색한 곳이다. 이슬람은 금주 문화로
유명하며 불교나 힌두교 역시 종교적인 이유로 술을 먹지 않는
다. 여행자를 위한 술집은 호텔의 지하 같은 특별한 장소에서나
볼 수 있는데, 술의 종류도 거의 맥주로 한정되며 가격도 비싼
편이다.

일행 중 한 분이 향수병에 걸렸는지 집 타령이다. 출발 전부터 우리는 갈색 한복에 염주를 착용하고 머리를 삭발하기로 약속했다. 마치 속세를 떠난 떠돌이 승려 행세를 해보는 것이다.

이제 우리 나이를 스스로 감당해야 할 때가 온 것이다. 60년을 채우기 위해 살았다면 지금부턴 하나씩 내려놓는 연습을 해야 마지막 육신마저 버릴 수 있지 않을까?

남은 생은 알 수 없지만 분명한 사실은 불가의 4가지 고통인 생로병사 중 3가지 고통이 이미 곁에 와 있다는 사실이다. 힌두교에서는 인생을 4단계로 나눈다. 부모로부터 혜택받고 배우는 시기, 부모로서 부양의 의무가 주어지는 시기, 신께 귀의하여 신을 배우고, 마지막으로 자연 속에서 생을 마감할 때까지 떠도는 삶이 그것이다. 우리는 어디쯤 와 있을까? 【남인도인문기행】

백워터크루즈 중 마주친 강가의 현지인

석양의 코친 항구

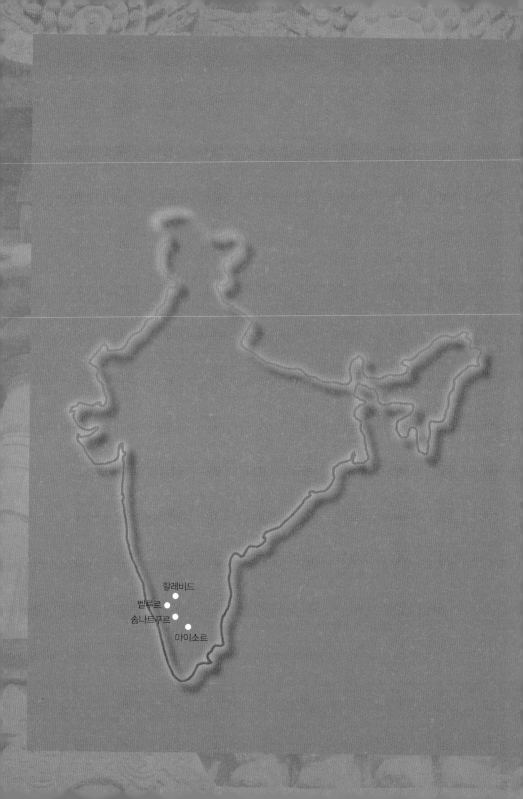

할레비드
벨루르
솜나트프르
마이소르

5

마이소르, 솜나트푸르, 벨루르, 할레비드

호이살라 왕조, 그 석조 조각의 극치

마이소르, 솜나트푸르, 벨루르, 할레비드

마이소르

우리는 카르나타카 주의 첫 번째 답사지인 마이소르로 향했다. 카르나타카 주는 남인도 힌두 유적 기행의 필수 코스로 타밀나두 주와 쌍벽을 이루고 있다. 판디아, 촐라 왕조의 타밀나두 주와 호이살라·찰루키아·비자야나가르 왕조의 유적이 있는 카르나타카 주는 남인도 힌두교 미술과 건축의 미적·양식적 차이를 분명히 보여주고 있기 때문이다.

인도 여행 중 처음으로 기차 편을 이용했다. 마이소르는 벵갈루루에서 1박한 후 다시 버스 편으로 4시간쯤 이동하여 목적지까지 가야 했다. 11시간쯤 걸린 기차 여행은 서해에서 인도 내륙을 관통하는 노선으로 데칸고원 남쪽의 평화로운 산과 논밭

벵갈루루 주립박물관 노천의 조각상

사이를 산책하듯 기차는 서행하고 있다. 인도 내륙의 전원은 풍
요롭다. 각종 밭작물과 화훼가 무성하게 자라고 소와 양의 무리
가 평화롭게 노닐고 있다. 동네 어귀엔 노인들과 어린아이들이
함께 어울리고, 멋있는 사리를 감아 입고 분주히 오가는 아낙
들의 모습도 보인다. 힌두교의 성물인 소가 밭에서 쟁기를 끌고
있는데 시바 신의 수호자이며 탈것인 '살아 있는 난디'가 이곳
에서 인간을 위해 노역을 아끼지 않고 있다. 인간과 함께 평화
롭게 공존하는 모습이다. 위험한 사원 담장 위나 어두컴컴한 사

벵갈루르 주립박물관, 호이살라 양식의
나가, 나기니 조각상

당보다 이곳이 행복해 보인다. 이 녀
석들에게 인도는 극락의 땅인 셈이다.
인도에선 윤회의 끝이 소가 아닐까?

가족 단위 여행객으로 가득 찬 기
차는 서로 대화를 즐기며 웃고 떠드
는 사람들 때문에 지루할 겨를이 없
다. 낯선 우리에게도 음식을 권하며
관심을 보여주는데, 여행 내내 가는
곳마다 현지인의 따뜻한 시선에서 우
리는 또 다른 행복을 만끽하고 있다.
그러나 그들은 코리아에 대하여 남북
분단과 현대, 삼성 등 기업체 외엔 특
별한 지식은 없어 보이고 단지 서양인과 다른 제3의 외모에 흥
미를 느낀 듯하다. 이것이 '한류'다. 인도에서 배낭여행족 대부
분은 유럽인이라 그런지 유독 우리에게 보여준 호의는 특별해
보이며 우리나라의 국운이 흥성하고 있음이 느껴진다. 그들은
우리에게 악수를 청하며 함께 사진을 찍기 위해 줄을 선다. 늦
은 나이에 반겨주는 사람이 있는 곳, 그런 곳이 인도다.

인도 최고의 IT도시 벵갈루루의 첫인상은 깨끗함과 분주함이
다. 이곳에서 인도의 미래가 시작되고 있는 느낌이다. 도로는 잘
구획되고 교통 시설이 훌륭하며 사람들은 스마트하다고 표현해
야 할까? 영리하고 빠르게 돈을 좇아 움직이는 모습이 여타 다

마이소르 차문디 언덕의 차문데스와라 사원과 고푸람

른 곳에서는 볼 수 없는 특별함이다. 인공위성과 핵무기 그리고
카스트와 빈곤이 공존하는 나라 인도가 긴 잠에서 이제 막 깨
어나고 있다. 그러나 문제는 속도다. 2천 년 전부터 이곳의 불교
를 받아들인 동아시아의 국가들은 전래의 유교, 도교와 협력과
경쟁을 통해 국가의 긍정적 에너지가 된 반면, 바라문과 베다
로 회귀한 인도 대륙은 이직도 만신의 늪에서 허덕이며 꿈과 현
실 사이를 오가고 있기 때문이다. 중국공산당의 청렴하고 유능
한 엘리트가 10억 인구를 각성시킨 데 비해 영국 200년의 지배

마이소르 마하라자 궁전 전경

기간 외세에 의존했던 인도는 통합과 개혁의 동력이 아직도 미치지 못한 모습이다. 인도와 중국은 국경을 접하고 있다. 그러나 티베트의 고봉은 두 나라를 단절시켰고, 역사와 문화는 서구보다 이질적이다.

　마이소르는 데칸고원 최남단의 도시로 해발 770m 고원에 위치해 있다. 인도-사라센 양식의 거대한 마하라자 궁전을 중심으로 펼쳐진 도시는 아름답고 기온이 쾌적하여 사계절 내내 관광객이 많이 찾아온다. 버스스탠드에서 짐을 챙겨 릭샤를 타고 여

마이소르 인도 최대의 고딕 사원(부분)

행안내서에 소개된 호텔로 직행했는데 안내서에서는 동명의 호
텔이 3개나 되어 한동안 도시를 배회하며 계획에 없는 시내 관
광을 하게 되었다.

　마이소르 왕국 시절 영국과 30년 전쟁 끝에 1799년부터 영
국령 번 왕국으로 복속한 경력 때문인지 시내 곳곳에 서구 식
민지 풍 건물과 인도-사라센 양식의 왕궁이 즐비하여 역사 도
시(?) 다운 풍경을 보여주고 있다. 지금은 카르나타카 주의 작은
도시로 전락했지만 17세기경에는 마이소르 왕국의 수도로 벵갈

루루 지역을 포함한 강대한 세력을 자랑했다고 한다. 마이소르 왕국은 비자야나가르 왕국(1336-1649)의 힌두교 왕통을 계승했으나 1761년 이슬람교도의 쿠데타로 지배 세력이 교체되고 이후 영국의 지배를 받아 이곳 건물의 양식적 기원이 이와 같은 정치사에 있음을 알 수 있다.

이제 본격적인 힌두 사원 답사를 준비할 차례다. 예정된 답사지 세 곳 모두 마이소르를 중심으로 약 3시간 거리에 분산되어 2박3일 정도 렌트카를 이용하기로 했다. 차는 허름했으나 50대로 보이는 기사가 성실하고 유머가 넘쳐 여정 내내 차 안에 웃음꽃이 만발했다. 시대와 민족을 초월해 나이 먹은 남자들의 동병상련은 일치하는 모양이다. 우리의 이야기 주제는 주로 퇴출, 힘센 마누라, 머니, 정력 그런 것들이었다.

아침을 든든히 먹고 솜나트푸르로 향했다. 솜나트푸르는 마이소르에서 동쪽으로 26km 떨어진 작은 마을인데 이곳에 있는 케샤바 사원Keshava Temple(1268)은 벨루르의 첸나케샤바 사원(1117), 할레비드의 호이살레스와라 사원(1121)과 함께 호이살라 왕조의 걸작으로 꼽히고 있다. 호이살라 왕조는 1006년 남인도 데칸고원에 처음 등장해 초기에는 후기 찰루키아 왕조와 촐라 왕조 사이의 작은 지방정권으로 출발했으나 13세기 전반 찰루키아 왕조의 제후였던 호이살라 가의 비슈누바르다나 왕 시기에 본격적으로 주변에 세력을 떨치며 촐라 왕조까지 위협했다. 그러나 14세기 전반 북쪽 이슬람의 침공으로 멸망하여 남인도 지역은 비자야나가르 힌두 왕국으로 재편된다.

　호이살라 왕조의 건축과 미술은, 왕조의 존속 기간은 약 300년으로 비교적 짧지만, 북방과 남방적 요소를 결합한 데칸 지역의 베사라 양식으로 추정하고 있다. 베사라는 중세 인도의 건축서인 『마나사라Manasara』에 북쪽의 나가라 양식과 남인도의 드라비다 양식과 함께 제3의 양식으로 언급되는데, 건축과 조각 기법이 인접한 촐라 왕조와 현격한 차이를 보여 그 기원과 전개 부분이 학자들의 주목을 받고 있다.

솜나트푸르

　케샤바 사원은 호이살라 왕조의 나라심하 3세 시절인 1268년에 왕의 신하인 소마가 건립했다. 사원의 영역은 53m×65m

솜나트푸르 케샤바 사원 정문에서 일행의 모습　　　　　솜나트푸르 케샤바 사원 외곽 회랑

솜나트푸르 케샤바 사원 전경

로 동쪽에 사원의 입구가 있고 경내에 들어서면 64개의 작은
사당이 있는 회랑에 둘러싸인 아담한 사원이 눈에 들어온다.
사원 평면은 별 형태로 기단부가 높으며 하나의 비마나를 후면
3개의 시카라가 공유하는 형식이다. 만다파는 단층으로 실내는
모줄임천장과 열주로 구성되고 시카라는 북방 형식인 옥수수형
탑으로 내부에 각각 성소를 두고 있다.

수평 층으로 이루어진 기단부와 만다파, 비마나 외벽은 상아
세공을 연상케 하는 돌조각으로 마감했는데, 하부는 주로 신성

솜나트푸르 케샤바 사원 비마나 외벽 조각

한 동물이나 길상을 장식하고 상부에는 당대의 전쟁이나 일상
의 모습들 그리고 각층마다 신들과 『라마야나』의 장면, 『카마수
트라』의 장면 등을 빼곡히 조각하여 보는 이를 감탄케 한다. 내
용과 소재가 매우 풍부해 신들의 이야기는 물론 일상의 소재가
망라되어 사료적 가치가 매우 커 보인다. 파도치는 바다와 불
속에서 수도하는 소신의 장면은 특이한 소재이며, 인물과 동물
조각은 현실적이면서 활력이 넘치는 반면 신상은 비교적 경직
된 표현을 보여주고 있는데, 이는 지역적 특징으로 보인다.

1. 솜나트푸르 케샤바 사원 비마나 외벽 조각

2. 솜나트푸르 케샤바 사원 비마나 외벽 조각(소신공양의 장면)

3. 솜나트푸르 케샤바 사원 만다파 호이살라 양식의 실내 기둥

4. 솜나트푸르 케샤바 사원 성소에 안치된 크리슈나 신상(부분)

5. 솜나트푸르 케샤바 사원 만다파 호이살라 양식의 실내 기둥

6. 솜나트푸르 케샤바 사원 천장 조각

실내에 들어서자 창호 사이로 내리쬐는 빛살에 어둠이 차츰 익숙해지며 검은 색조의 거대한 기둥과 깊은 곳 성소에 모셔진 신의 형체가 서서히 드러나기 시작한다. 항아리 형태의 기둥은 단면이 다른 디스크를 쌓아올린 듯 기술적 완성도가 높아 이 사원의 백미로 꼽히고 있다. 특히 꽃봉오리를 조각한 중앙 천장과 외벽의 창호는 목가구를 번안한 것으로 호이살라 왕조 석조 조각의 놀라운 진수를 보여주고 있다.

2시간쯤 사원을 둘러보고 행복감을 느꼈다. 촐라 시기의 대규모 사원들이 왕과 시바 신의 위대함의 상징이라면 호이살라 시기의 사원들은 규모는 작지만 석재로 표현할 수 있는 인간의 극치를 보여준다고 할까? 눈에 넣어도 아프지 않는 그런 작품이다.

서구에서 요가 수행을 온 듯한 남녀 3쌍이 사원 밖 계단에서 재잘거리며 가끔 묘기를 보여주고 있다. 오래된 사원과 현대의 젊은이들이 묘한 조화를 이루며 아름답게 보인다. 차가운 석재에 생명력을 불어넣은 이 사원의 장인에게 경의를 표하고 싶다. 내일 또 다른 호이살라의 명작인 벨루르와 할레비드로 가는 꿈을 꾸며 일찍 잠들었다.

아침 일찍, 기사 아저씨가 반가운 얼굴로 "모닝 써!"하며 인사한다. 우리는 곧바로 하산을 향해 북진했다. 벵갈루루와 인도 서쪽 연안의 대도시 망갈로르를 연결하는 간선도로 가운데 하산이라는 소규모 도시가 있는데, 하산 북쪽 약 38km 지점에 벨루르가 있고 이 도시 외곽에 첸나케샤바 사원Chennakeshava Temple 이 있다.

벨루르

벨루르는 호이살라 왕조의 수도로 이곳 첸나케샤바 사원은 비슈누바르다나 왕(1108-1152)과 나라심하 1세(1152-1173) 그리고 바랄라 2세(1173-1220)가 개착과 보수를 거듭한 호이살라 왕조의 사원으로 높은 격조를 지니고 있다. 세 왕의 100년 치세 기간은 안정된 왕권을 바탕으로 호이살라 왕조의 경제와 문화 역량이 최고조에 이른 시점이다.

사원 부지는 약 60m×50m로 비교적 넓으며 사방 경계에 높은 담장을 세우고 동쪽에 남방 형식의 고푸람을 설치해 수문 역할을 하고 있다. 경내에 들어서면 담장을 따라 좌우 회랑이 길게 이어지고 사원 마당에 철제 당간지주와 석제 기둥이 보인다. 중앙에 소형 석탑과 높은 계단 위에 본전인 케샤바 사원이 있고 좌측에 이곳에서 가장 오래된 사원인 첸니가라야 사원과 후면에 몇 개의 공회당 그리고 우측 전면 코너에 몸을 정화하는 연못으로 구성되어 있다.

중앙의 사원은 현재 상부에 시카라가 존재하지 않지만, 높은 기단 위에 설치된 검은색 석조 사원으로, 후면으로 전개되며 커지는 웅장한 외모가 호아살라 왕실 사원으로 손색이 없어 보인다. 입구를 향해 주실(만다빠)이 있고, 후면 양측의 성실(비마나)이 주실을 공유하며 독립되어 있다. 비마나 상부 2개의 탑은 솜나트푸르의 케샤바 사원과 같은 북방 형식의 탑으로 사원의 규모로

벨루르 첸나케샤바 사원 전경(위)   벨루르 첸나케샤바 처마 부분의 미녀와 성수 마카라 조각상(아래)

보아 상당한 높이와 규모를 지녔으리라 생각된다. 아마 14세기경 이슬람 세력이 침공했을 때 파괴되었으리라 짐작되며, 이 훌륭한 사원의 얼굴이 없어진 듯 아쉬움이 남는다.

아담한 몇 개의 탑을 따라 계단에 올라서면 정면 벽감에 『라마야나』의 장면 등 각종 신상이 빼곡히 조각되었는데, 중앙 상부에 두 마리 코끼리의 수호를 받는 신의 모티프는 그 섬세함과 역동성에 놀라게 된다. 특히 기둥 주두 부분의 차양 아래 조각된 춤추는 미녀상과 각종 길상문은 석조 조각의 극치를 보여주고 있다.

모두 42군데에 조각된 춤추는 미녀상은 건물 외곽 기둥마다 장식되었는데 탄력과 생명력이 충만한 자태가 보는 이를 감탄케 하며 이 사원의 백미로 꼽히고 있다. 주두에 조각된 여신상은 6세기 작인 카르나타카 주 북부의 바다미 힌두 석굴에도 보이는데 데칸고원 남단의 오래된 지역 양식이 이곳에서 정점에 달하는 느낌이다.

계단의 마카라 등 장식성도 뛰어나고 곳곳에 신수神獸와 미녀를 모티프로 조각한 석상들도 아름답다. 또한 벽감에 나가, 즉 뱀과 나신을 소재로 조각한 등신상이 몇 구 보이는데, 아름다운 여신의 몸을 휘감은 뱀의 모티프는 현대인의 평범한 감상을 초월하고 있다. 뱀과 여인은 아담과 이브의 신화에 등장하며 뱀이 죄악과 남성성의 상징이라면 이곳의 조각은 신의 은총을 받는 순간을 '탄트리즘'으로 표현했는데, 여인의 터질 듯 탄력 있

벨루르 첸나케샤바 사원
나가와 여신

는 몸과 얼굴 표정이 그 순간을 말해주고 있다.

만다파 내부는 천주당을 연상케 하는 규모로 호이살라 스타
일의 원통형 기둥의 조각과 형식이 구역마다 다르게 배치되어

벨루르 첸나케샤바 사원 만다파 입구 벽감의 『라마야나』의 장면

있다. 성소에는 비슈누가 봉안되고 나이 든 힌두 사제가 수많
은 신도 앞에서 집전하는 장면이 보인다. 그들은 매우 진지하며
사제들의 근엄한 얼굴과 날카로운 눈초리는 신자들을 압도하고
있다. 집전에 참여한 신도 역시 사제의 몸짓 하나하나에 집중하
며 두 손 모아 기도하는 모습이 경건하고 아름답다. 힌두 사제
는 비슈누 석상에 우유로 보이는 액체를 머리 위에 쏟고 염송하
며 때론 손짓으로 무드라를 행하고 있다. 연극의 원초적인 모습
이다. 한동안 절제된 그들의 집전 모습을 지켜보며 신과 신도를

벨루르 첸나케샤바 사원 코끼리 전투 장면

이어주는 사제가 지구상에 가장 오래된 직업이 아닐까 생각해
본다. 관료 냄새를 풍기는 타밀 지역의 힌두 사제와는 다른 느
낌을 주고 있다.

　사원 내부 곳곳에 가마와 나가 형식의 대좌, 산개 등이 눈에
띄는데, 밖에 세워 둔 마차 위에 신을 모시고 거리를 행진하기
위해 준비된 것들로 천년 동안 대를 이어가며 살아 있는(?) 신
을 모시고 행상行像하는 그들이 지독하게 위대해 보인다. 어두운
사원 내부에 격자 창 사이로 자연광이 투시되며 금속성 악기가

벨루르 첸나케샤바 사원, 첸니가라야 사원 성소의 크리슈나(부분)　　　　　벨루르 첸나케샤바 사원 천장 조각

낮게 연주되고 있다. 장엄한 모습이다.

　케샤나 사원 좌측에 있는 카페 첸니가라야 사원은 규모가 비교적 작고 외형이 심플하나 탄자부르를 거점으로 세력을 떨친 촐라 왕조와의 전쟁에서 이긴 후 전승 기념으로 1117년에 건립했다는 명문이 있다. 이 사원은 솜나트푸르의 케샤바 사원보다 150년 정도 빠르며 호이살라 사원 양식의 원조로 보인다. 별 모양의 평면에 높은 기단이 설치되고 외벽은 노출 기둥 형식으로 상부의 탑은 보이지 않는다. 기둥은 전형적인 호이살라 양식이며 석벽은 조각하지 않고 채광을 위한 구멍만 뚫려 있다.

　내부 성소에 비슈누의 화신인 피리 부는 크리슈나가 이마에 붉은색 표직을 하고 흰색 사리를 둘렀다. 어둠에 차츰 익숙해지며 나와 마주한 신상은 친밀하면서 기괴한, 어떤 알 수 없는 아름다움을 선사하고 있다.

천장에는 정사각형을 2개 엇갈려 겹친 형태의 별 문양을 조각했는데, 건물 기단이나 수조 평면에도 자주 적용되는 호이살라 양식의 원형으로 특별한 의미가 있어 보인다. 유대교의 별은 삼각형의 조합인 반면, 이곳의 별은 사각형의 조합이다. 유대교의 별은 천지와 남녀, 즉 음양의 수직적 합일로 완성이라는 의미가 있는 반면, 정사각형을 엇갈리게 조합시켜 꼭지가 8개인 이곳의 별은 구조적으로 더욱 안정감이 강조되었다. 이 문양의 종교·사상적 배경이 궁금하다. 고대 힌두 사원의 도상 연구는 매우 흥미로운 분야일 것이다.

할레비드

점심을 간단히 먹고 서둘러 할레비드로 향했다. 할레비드는 마을 이름이 원래 도라사무드라였는데, 1311년 델리의 술탄인 알라웃 딘 칼치가 침입해 죽음의 도시로 만들어 지금의 할레비드, 즉 '폐허의 마을'이라고 불리고 있다. 하산 북쪽 31km에 있는 할레비드는 현재 작은 농촌 마을이지만 12, 13세기에는 호이살라 왕조의 수도로 번창했던 곳이다.

이곳의 호이살레스와라 사원Hoysaleswara Temple은 시바를 모신 사원으로 비슈누바르다나 왕이 다스리던 1121년에 왕과 왕비를 위해 그들의 전용 사원으로 지어졌다고 한다. 완성하는 데 105년이 걸린 이 사원은 동일한 형태의 사원 2개가 마주하는 형식으로 각각 만다파(전실), 비마나(성실) 그리고 좌측에 난디전이 있는 시바를 위한 사원이다.

검표소를 지나자 넓은 초원을 배경으로 검은 색조의 아담한 석조 사원이 눈에 띄는데 사원은 안정감이 있어 보이며 그림처럼 아름답다. 관광객은 드물고 사원은 정적 속에 비어 있는 모습이다. 푸른 하늘과 야자수가 전부인 듯 우리는 긴장을 풀고 천천히 사원을 향했다.

만다파 계단에 오르면 문 좌우에 등신의 수문신이 조각되었는데 호이살라 양식의 약샤와 약시로 보인다. 이들은 기원전부터 인도인의 사랑을 받는 정령으로 고대부터 불교 조각에 등장

할레비드 호이살레스와라 사원 전경(위)

할레비드 호이살레스와라 사원 수문신 약샤와 약시(아래)

1. 할레비드 호이살레스와라 사원 : 신수 마카라

2. 할레비드 호이살레스와라 사원 : 비마나 벽면의 『라마야나』 전투 장

3. 할레비드 호이살레스와라 사원 : 비마나 벽면의 『라마야나』 전투 장면

4. 할레비드 호이살레스와라 사원 : 비마나 벽면의 윤회도

5. 할레비드 호이살레스와라 사원 : 선정 중에 코끼리의 수호를 받는 신

6. 할레비드 호이살레스와라 사원 : 선정 중에 나가의 수호를 받는 신

하며 후대에 자이나교에서는 수문신으로 고착되었다. 실내에는 호이살라식 거대 기둥과 넓은 회랑이 보이고 성소에는 윤이 나는 검은색 링가를 모셨다. 인도인은 검은색을 시바의 상징색으로 여기며 링가나 난디의 석상에 즐겨 사용하고 있다.

사원 외벽은 호이살라 대의 다른 사원과 마찬가지로 벽면을 부조로 가득 채웠는데 대부분 『마하바라타』 『라마야나』에 나오는 여러 장면이나 카일라스 산을 뒤흔드는 라바나상 등이 조각되어 있다. 눈길을 끄는 전차를 타고 활시위를 당기며 전투하는 모습이나 코끼리가 동원된 장면은 마치 활동사진을 보는 듯 시간과 공간을 초월해 묘사하려는 작가의 의도가 생생하다.

전쟁 장면 가운데 특이한 윤회도가 부조되어 있다. 5개의 동심원을 각종 동물과 신물들이 끊임없이 반복해서 돌고 있는 장면으로 생사를 초월해야 하는 군인으로서의 본분을 다할 것을 은연중에 암시하고 있다.

난디 사당을 둘러보고 사원 좌측에 마련된 노천 박물관에 가 보았다. 자이나상을 비롯해 근교에서 수집된 각종 힌두 석상이 빼곡히 나열되어 횡재한 듯 보는 이의 즐거움이 크다. 이 정도 석상 편이면 우리나라에선 보물급인데 인도에선 너무나 흔한지 관심 두는 사람도 없다. 【남인도인문기행】

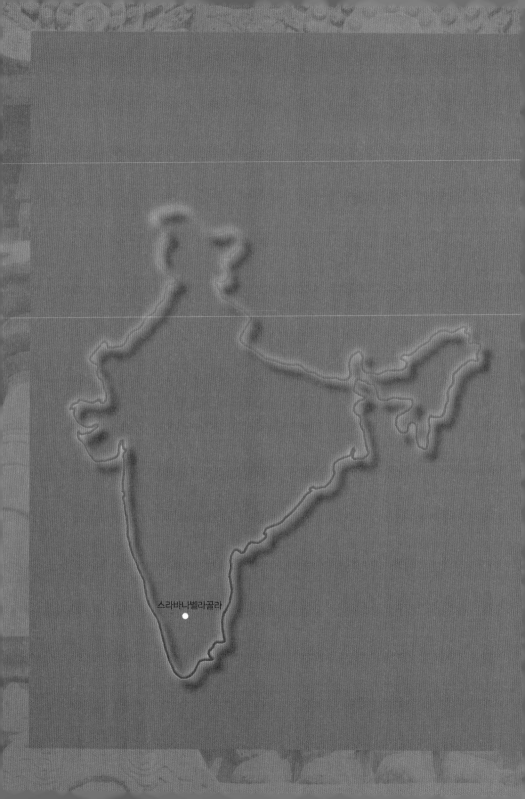

스라바나벨라골라

자이나교 신들의 세계

스라바나벨라골라

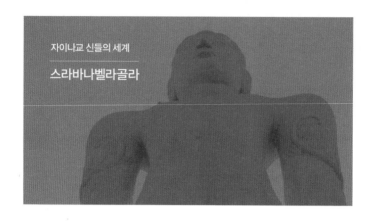

자이나교 신들의 세계

스라바나벨라골라

　유명한 자이나교 사원의 도시 스라바나벨라골라를 향해 차를 몰았다. 넓은 평원을 가로지르며 2차선 시골길을 한참 달리다 보니 멀리 산 정상에 거대한 석상이 보인다. 가까이 갈수록 형체가 더욱 선명해지며 푸른 하늘을 배경으로 눈부신 나신이 드러나고 있다.

　자이나교의 위대한 고마테스와라상이다. 남인도를 여행하다 보면 가끔 놀라운 장면이 연출되는데 함피의 낯선 풍경들, 탄자부르의 거대한 비마나와 마두라이의 우주선을 닮은 고푸람 등이 그것이다. 비마나와 고푸람은 석조 사원이지만 이곳은 석산 정상부를 통째로 조각하여 높이 18m의 거대한 신상을 만들었다. 높이 143m의 바위산이 신의 대좌인 셈이다. 오래된 칸나다어 비문에 의하면 이 석상은 981년에 만들어진 것으로 1개의

스라바나벨라골라 인드라기리 산 정상의 고마테스와라상(위)
스라바나벨라골라 인드라기리 산에서 바라본 찬드라기리 산과 정화의 연못(아래)

바위로 만들어진 석상 중 세계 최대로 꼽힌다.

스라바나벨라골라는 현재 한적한 마을이지만 12년에 한 번씩 열리는 자이나교 최대 축제인 마하마스타카비쇠카 기간에는 백만 명이 모인다고 한다. 큰 사각형의 인공 연못을 사이에 두고 두 개의 바위산이 있는데 고마테스와라상이 있는 남쪽의 높은 산이 인드라기리이고 북쪽의 낮은 바위산이 찬드라기리라고 불린다.

전설에 따르면 기원전 3세기에 마우리아 왕조의 찬드라굽타 왕이 스승으로 받들던 바그완 바드라바후와 함께 이 마을에 왔다고 한다. 찬드라기리에는 BC. 3세기에 찬드라굽타의 손자인 아쇼카 왕이 세웠다고 전하는 자인교^(자이나교) 사원인 찬드라굽타 바스티^(사원)가 있다. 이와 같은 기원전의 스토리가 고증된다면 남인도 최초의 종교 유적이 된다. 가까운 스리랑카 섬에 기원 전후의 스투파와 불타와 관련된 기사들이 등장하는데 중간 경로에 위치한 이곳에 찬드라굽타 시기의 유적도 가능하다고 본다.

신발을 벗고 우선 인드라기리에 올랐다. 바위산을 깎아 만든 계단을 한참 오르다 보면 자인상이 안치된 소규모 사당과 몇 개의 탑이 보인다.

스라바나벨라골라 인드라기리 아디나타 좌상

사당에는 스리 아디나타 티르탄카라 좌상을 모셨는데, 검은 색조의 돌을 연마하여 광채가 번뜩인다.

아디나타는 자이나교의 초대 티르탄카라로 아들인 고마테스와라가 주인공인 이 산의 입구에서 말없이 선정에 몰두하고 있다. 자신보다 위대한 티르탄카라로 평가받는 아들의 모습을 지키는 골육의 정이 느껴진다. 정상부 성벽 너머 거대한 고마테스와라가 세상을 굽어보고 있다.

트야가다 기념비를 둘러보고 몇 개의 계단을 더 오르면 본전의 관문을 지나 거대한 성벽이 나타난다. 성은 높고 견고하게 축조되었으며 내부 벽면을 따라 곳곳에 각종 동물 문양과 기괴한 인간의 모습을 부조했는데 번뜩이는 아이디어와 유머 감각이 넘친다.

돌을 다듬어 경건한 신전을 짓는 노동자에게 이와 같은 모티프의 조각을 허용한 지배층의 여유가 느껴진다. 무더운 여름날

스라바나벨라골라 인드라기리 성채

스라바나벨라골라 인드라기리 성채 부조

스라바나벨라골라 인드라기리 성채 부조   스라바나벨라골라 사원 경내 조각

뜨거운 바위산을 쉬지 않고 올라온 신자들을 위로하기 위함인
지 조각들은 퍼즐처럼 나타났다 사라지며 순례자의 미소를 유
도하고 있다.

나 역시 가벼운 마음으로 천천히, 더욱 천천히 성벽을 따라
걸으며 천년 전의 망치와 치즐이 전부인 수천 명의 석공들을
상상해본다. 그들은 먼저 산 아래부터 614개의 계단을 조각하
여 산 정상을 향하여 길을 내고, 정상에 거대한 석상을 만들기
위해 이곳에서 최초의 망치를 가격했다. 쪼아낸 한 조각 석편을
신호로 운집한 석공들은 망치로 바위를 두드려 흰 돌먼지가 구
름처럼 산 정상을 덮고 있다. 원래 높이 170m쯤 되는 바위산을
깎아 140m로 높이를 낮추는 기가 막히는 역사다. 한 길을 파
내려가는데 얼마쯤 세월이 소요되었을까? 인간의 집요한 노력
으로 드디어 거대한 신상이 머리부터 모습을 나타내기 시작한
다. 가까운 곳에서는 그의 얼굴을 짐작할 수도 없어 앞산 찬드
라기리를 수천 번 오르내리며 멀리서 신의 얼굴을 확인하면서

스라바나벨라골라 고마테스와라 석상

더욱 조심스럽게 심혈을 기울여 조
각했을 것이다.

세계 최대라는 수식어가 붙기는
지난한 일이다. 그들은 981년에 이
거대한 신상을 완성하고 이후 12
년마다 천년을 이어오며 축제를 벌
이고 있다. 다음 천년도, 아니 지구
가 소멸되는 날까지 이 축제는 계
속될 것이다. 이곳은 아마 왕의 꿈
에 신의 모습이 현현한 곳일 수도
있다.

사원에 들어서면 먼저 고마테스
와라 석상의 두 발이 보인다. 중앙
에 고마테스와라상이 있고 외곽
회랑에 23명의 티르탄카라상들을
배열하여 세상에 존재했던 모든 티르탄카라가 고마테스와라를
호위하는 형국이다. 티르탄카라상들은 모두 검은 돌을 조각한
입상으로 전신형 광배를 갖추고 있는데 경직된 직립형으로 나
신이다. 자이나교에서는 창시자 마하비라 이전에도 23명의 티르
탄카라가 있었는데, 마하비라는 기원전 6세기의 역사적 인물로
과거 티르탄카라를 거슬러 올라가면 지금부터 3천년 전에 이미
자이나교의 역사가 시작되고 있었다.

스라바나벨라골라 고마테스와라 얼굴 디테일

　고마테스와라상의 얼굴을 렌즈를 이용해 당겨보았다. 평범한 젊은 용사의 모습으로 곱슬머리에 크게 뜬 눈과 꽉 다문 입술이 인상적이며, 양쪽 귀는 길게 늘어져 고매한 인격을 나타내고 있다. 넓은 어깨 아래 긴 팔과 미끈한 신체를 굳건한 두 다리가 지탱하고 있다. 다리와 양팔에는 덩굴이 감아 오르며 그가 나무보다 더 오랜 시간을 이곳에서 고행하며 명상에 잠겼음을 암시하고 있다. 정글 속에 남겨진 캄보디아의 인공 사원은 천연의 나무뿌리에 묻혀 있지만 이곳의 석상은 살아 있는 신의 몸체에

스라바나벨라골라 고마테스와라 석상이 보이는 사원 전경

덩굴을 새겨 그의 위대함을 극대화시키고 있다.

고마테스와라상의 얼굴은 자인교의 전설에 등장하는 바후발리를 모델로 제작되었다고 한다. 바후발리는 막내아들로 태어나 형들과의 골육상쟁 끝에 왕으로 등극했지만 훗날 권력의 무상함을 느끼고 출가해 자이나교의 1대 티르탄카라가 되었다고 전한다. 고마테스와라는 초대 티르탄카라인 아디나타의 아들이다.

신상이 나신인 것은 극도의 불살생 교리를 보여주고 있다. 옷을 만드는 과정에서 불필요한 살생을 막기 위함이다. 교도들은 농업을 금하고 대부분 상업에 종사한다. 농사짓는 행위는 벌레 한 마리의 목숨도 다칠 수 있기 때문이란다. 자인교도를 백의파와 공의파로 구분하는데 공의파는 지금도 평생 온몸의 털을 깎지 않고 나체로 생활하며 수행한다. 현재 약 3천 만 명에 달하는 인도의 자인교도들은 대부분 서북 지역에 거주하며 상업으로 일군 부를 누리고 있다. 기원전 6세기 무렵 불교와 같이 태동한 자이나교는 불교보다 엄격한 교리를 가지고 있지만, 인도 땅에 불교가 소멸한 지금까지도 교세를 유지하고 있다.

고마테스와라상 발아래에서 부부로 보이는 한 쌍이 사제의 지도 아래 의례를 갖추고 있다. 부유해 보이는 한 쌍의 젊은 부부를 위한 집전은 30분을 넘기며 계속되고 있다. 아마 이 사원의 큰 시주자인 듯 사제도 정성을 다하여 집전하고 있다. 고마테스와라의 발등은 오랜 세월 동안 세례 의식의 흔적이 보이고 색깔은 검게 변했다. 낙숫물이 바위를 뚫고 있는 바로 인도의 모습이다.

하산 길에 바라본 마을의 모습은 평온하고 아름답다. 넓은 인공 수조에 가득 찬 신도들과 거리를 나신으로 배회하는 수행자를 상상해본다. 극도의 불살생을 교리로 채택한 그들에게 수치심은 또 다른 사치일 수 있다. 힌두교의 사두들과 자이나교의 공의파는 신께 나아가는 방법으로 고행을 택했다. 그들은 고행의 대가로 득도하고 열반했을까? 아마 그렇다고 생각했을 것이

스라바나벨라골라 사원을 거니는 인도 여인

스라바나벨라골라 찬드라기리에서 바라본 인드라기리 정상의 고마테스와라상

다. 몇 시간을 뜨거운 바위산을 맨발로 다녀 발바닥이 익었다.
지금, 나도 고행중이다. 마을에서 시원한 청량음료를 들이키며
다시 속세로 회귀했다. 인드라기리 정상을 바라보니 고마테스와
라는 두 눈을 크게 뜨고 변함없이 세상을 굽어보고 있다.

기독교나 불교 등 신의 모습은 모두 인간의 모습이다. 다른
상상도 가능하겠지만 성공한 신의 모습은 모두 자비로운 인간
의 모습이다. 점심을 챙겨 먹고 오후에는 또 다른 성지 찬드라
기리를 향해 뜨거운 바위산을 다시 올라야 한다.

스라바나벨라골라 찬드라기리 전승탑 명예의 기둥

찬드라기리의 넓은 바위산 정상에는 10세기 전후에 만들어진 몇 개의 자이나교 사원과 호이살라 왕조 대의 전승탑인 20m에 달하는 명예의 기둥Pillar of Fame이 있다.

인도의 자이나교 사원은 불교나 힌두교 사원 양식을 채용했으나 사원 내부는 장식성이 적고 신이나 권속의 배치를 최소화해 간소한 느낌을 준다. 그러나 그들의 본존인 자이나상은 석재 선정에서부터 디테일한 도상에 이르기까지 매우 공들인 흔적이 역력하다.

사원(바스티)을 차례로 둘러보았다. 사사나 사원의 수문신은 인도 전래의 약샤와 약시로 호이살라 양식의 조각으로 보인다. 약샤와 약시는 기원전부터 고대 인도의 정령으로 숭배되며 불교 조각에도 등장하는데, 산치의 토라나 부조나 마투라 박물관의 거대한 환조상이 유명하다.

찬드라굽타 사원 내부에는 찬드라굽타 마우리아와 스승인 바드라바후의 생애와, 아쇼카 왕과 그의 아버지가 등장하는 모자이크 형식의 부조가 흥미를 끈다. 자이나교의 역사가 담겨 있는 소중한 조각이다. 그러나 이 부조에 대한 자료는 전무하고 시

스라바나벨라골라 찬드라기리 찬드라굽타 사원 내부의 바드라바후의 생애가 담긴 부조

간이 없어 사진으로 남길 수도 없다. 안내원의 대략적인 설명에
만족하며 아쉬움을 달래야 했다.

마지막 사원인 파스바나타 사원의 자인상은 입상으로 족히
5m는 더 되어 보이며 8마리 나가의 보호를 받는 두상 등 섬세
한 조각이 일품이다.

노천에 석조 입상 한 구가 땅에 반쯤 파묻힌 채 마른하늘을
바라보고 있다. 소중한 그들의 신상을 난장에서 벌주고 있는 모

습이다. 그 사연이 궁금해진다. 당장이라도 넘어갈 듯 보이는 신
상은 가지만 남아 있는 고목나무 한 그루를 바라보고 있다. 정
적이 흐른다. 멀리 인드라기리의 정상에서는 고마테스와라가 이
모습을 지켜보고 있다. 두 석상은 묘한 대비를 이루며 나에게
전생의 낯설고 우주적인 어떤 느낌을 주고 있다. 그러나 기억할
수 없다.

【남인도인문기행】

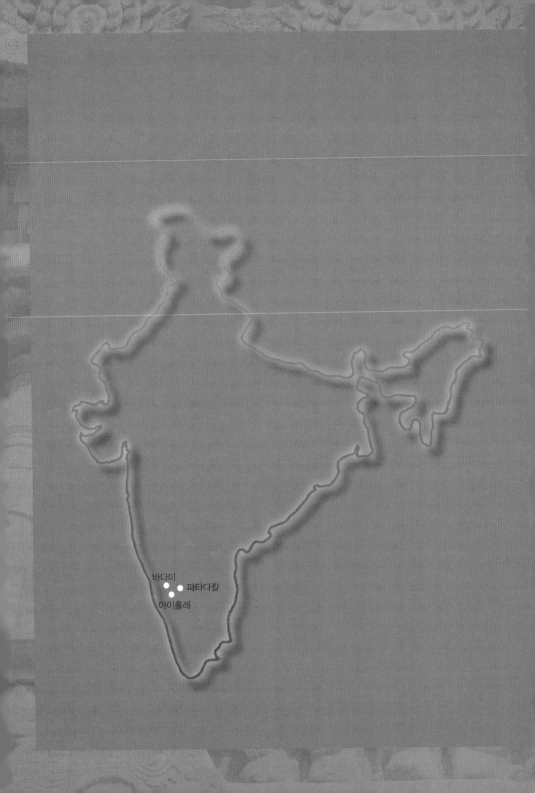

바다미
파타다칼
아이홀레

찰루키아 왕조의 석굴 예술과 석조 사원의 새로운 탐색

바다미, 파타다칼, 아이홀레

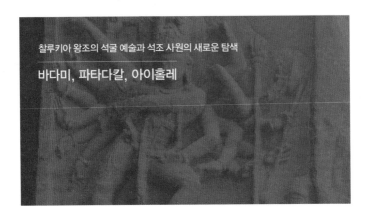

찰루키아 왕조의 석굴 예술과 석조 사원의 새로운 탐색

바다미, 파타다칼, 아이홀레

바다미

바다미Badami는 이번 남인도 여정에서 유일한 석굴사원인데 조성된 시대가 가장 앞설 뿐 아니라 개인적으로도 인상 깊은 유적이다. 기원 전후의 서부 데칸 지역 석굴을 대부분 답사했지만 이곳 힌두 석굴에서 받은 감동은 그들을 능가하고 있다.

붉은 화성암에서 당장이라도 튀어나올 것 같은 신들의 모티프는 규모와 역동성 그리고 제재의 다양성 측면에서 힌두교 조각의 최고봉이라고 주장하고 싶다. 이 석굴이 조성된 6세기는 힌두교가 굽타 왕조로부터 공인되어 불교의 그늘에서 벗어나 독자적인 세력을 펼치기 시작하는 시기이다. 데칸 지역 엘로라의 카일라사나타 석굴이나 아우랑가바드의 힌두 석굴보다 조성 시기가 2백 년 이상 빠르며, 유명한 뭄바이 앞바다의 엘레판타

석굴 조성 시기보다도 앞선다.

힌두교는 종교의 범위를 초월한 개념으로 그 뿌리는 인더스 문명과 토착 신앙 그리고 아리아인의 베다로 보고 있다. 그러나 이 시기의 초창기 유물이나 기록은 매우 제한적이다. 진정한 힌두교의 형성은 『마하바라타』와 『라마야나』 등 서사시가 성립되기 시작한 기원전 2세기 무렵이며, 굽타가 시작된 4세기 이후에야 비로소 현재와 같은 힌두교의 틀이 형성된 것으로 학자들 간에 견해가 일치하고 있다.

바자 석굴   뭄바이 엘레판타 석굴

　힌두교의 조상 활동 역시 쿠샨 왕조 후기에 마투라 지역을
중심으로 시작되었으나 4세기에 등장한 굽타 시기에 본격적인
힌두교의 궤범에 따른 고전 양식이 조성되기 시작했다고 본다.
힌두교의 뿌리는 오래되었지만 종교로서의 기능은 불교와 자이
나교의 영향을 무시할 수 없으며, 불상이 등장함에 따라 힌두교
의 의인화된 각종 신상이 유행하였다.

　힌두교 조상의 대표적인 초기 작으로는 찬드라굽타가 봉헌했
다는 명문(401/402년)이 있는 인도 중부 지역의 우다야기리 석굴이
있다. 이 석굴의 5굴에 바라하의 화신상, 4굴에 에카무카 링가
상 그리고 6굴에 비슈누·두르가·가네샤와 각종 수호신 등이
조각되어 굽타 초기에 이미 힌두교의 만신과 그 스토리가 완성
되어 있음을 알 수 있다. 또 시바와 비슈누, 브라흐만 등이 혼재
되어 표현되었는데 이는 교리적인 영향으로 보인다. 이곳 조각

아우랑가바드 석굴   엘로라 카일라사나타 사원 전경

의 수준은 굽타 시기의 정점을 보여주고 있다.

데칸 서부 지역에서 세력을 떨친 초기 찰루키아 왕조는 풀라케신 1세(500-556)가 이곳 바다미에 수도를 정하고 손자인 풀라케신 2세(608-642) 때에는 데칸 지역을 넘어 대국으로 성장한다. 이 시기의 대표적인 힌두 유적으로 바다미·파타다칼·아이홀레 등이 있는데 미술과 건축은 굽타 시기의 영향이 강한 서인도의 석굴과 남인도의 팔라바 왕조의 특색이 혼재해 있다고 본다.

바다미는 카르나타카 주의 북부에 위치하여 데칸고원 서부와 지리적으로 인접해 있다. 이곳은 석굴사원 외에 평지와 동쪽 산 위에 남아 있는 석조 사원과 후대의 이슬람 묘역 등이 즐비하여 고도의 정취를 더하고 있다. 거대한 인공 호수를 끼고 남쪽 바위산 언덕에 개굴된 석굴사원은 1굴은 시바, 2굴과 3굴은 비슈누 그리고 4굴은 자이나를 위한 석굴인데, 가장 큰 3굴의 전

바다미 석굴사원, 거대한 고대의 저수지(위)   바다미 석굴사원, 거대한 고대 도시(아래)

랑부에 키르티 바르만 1세 치하 12년[578]에 왕의 동생 만가레샤에 의해 건립되었다는 명문이 있다. 1, 2굴은 3굴보다 빠른 550년경에 개착되었으며 4굴은 가장 늦은 시기에 개착된 걸로 보고 있다.

바다미 석굴의 규모는 비록 엘로라 석굴보다 작지만 본격적인 힌두 석굴 중 가장 오래된 석굴에 속하며 석굴 내부의 뛰어난 부조상으로 유명하다. 제1굴의 〈춤추는 시바상〉과 〈하리하라 (시바와 비슈누의 합체상)〉 〈양성구유의 시바상〉 등 충만한 생명력과 힘찬 율동이 압권으로 초기 힌두 미술의 정점을 보여주고 있다. 우측의 작은 감실에 〈물소마신을 살해하는 두르가〉 〈카르티케야〉 〈가네샤〉 같은 조각도 모두 훌륭한 작품의 품격을 보여준다. 제2굴에는 비슈누의 〈가나의 화신〉과 〈바라하의 화신〉이 있고, 천장에 〈크리슈나의 설화〉 〈유해교반〉 〈간다르바〉 등이 다양한 문양과 함께 빼곡히 조각되어 있다. 제3굴은 가장 크고 화려하다. 다른 굴과 마찬가지로 전랑과 방형의 큰 본당으로 구성되었으며 안벽 중앙에 작은 감실을 마련해놓았다. 전랑과 본당에 〈4개의 팔을 가진 비슈누상〉 〈가나의 화신〉 〈용 위의 비슈누신〉 〈바라하의 화신〉 〈나라심하의 화신〉 〈하리하라〉의 조각 등이 모두 걸작으로 꼽힌다.

본격적으로 석굴을 향해 계단을 오르면 좌측 거대한 인공 저수조에 푸른 물이 넘실대고 우측에 깎아지른 절벽이 아득하게 이어진다. 하늘은 맑고 공기는 상쾌하다. 멀리 호수 건너 붉은

바위산 주변에 아담한 석조 사원들이 눈에 띈다. 이 고대의 힌
두교 사원들은 황량한 바위산과 동화되어 그곳에 생명력을 부
여하고 있다. 무례하지 않은 인간의 흔적에 감사할 따름이다.

 저수조 아래에 펼쳐진 고도 바다미는 중세 인도의 모습을 간
직한 도시로 하얀 색조의 민가 사이에 고대 힌두 사원과 이슬
람 건축물이 혼재되어 있어 아름답다. 인간이 머무르는 곳과 신
이 머무르는 곳이 경쟁하지 않고 조화롭게 공존하고 있다. 아름

바다미 석굴사원 1굴 시바 신전

답다는 표현보다 정적이 흐르는, 시간이 멈춘 도시를 대하는 듯
아련한 느낌을 준다. 사람이 보이지 않고 소리도 들리지 않은
적막의 도시다. 나는 이곳에서 많은 시간을 보내며 처음으로 행
복이라는 단어를 떠올려보았다.

　조금 더 올라가면 절벽 아래 횡으로 길게 펼쳐진 방형 석굴
이 눈에 띈다. 5개의 사각기둥이 지탱하고 있는 이 석굴사원은
가까이에서 바라보니 의외로 규모가 큰 편이다. 기둥 아래 기단

부에 역사 무리가 빼곡히 조각되고 우측 벽감에 거대한 부조상
이 눈에 띈다. 위대한 16개의 팔을 소유한 춤추는 시바상이다.
사각 단상 위에서 춤추는 시바의 몸은 완벽한 균형미와 운동감
을 보여주고 있다. 신체는 터질 듯 생명력이 풍부하고, 각종 지
물을 수지한 팔과 자유롭고 강건한 두 발의 모티프는 율동감을
더하고 있다. 신이 인간을 위해 자연에서 현현하는 위대한 장면
이다.

다시 뒤로 물러서며 조각을 응시했다. 붉은 암석에 환조에 가
까운 고부조의 신체는 피가 도는 듯 숨이 막힌다. 작품은 설치
된 장소가 중요하다. 하늘도 중요하며, 아득하고 거친 절벽과 이
곳을 스치는 원색의 사리를 걸친 인도 여인도 작품의 일부다.
나는 1500년을 손상되지 않고 신도의 숭배를 받아온 인류의
위대한 유산을 바라보고 있다. 그리고 힌두 조각에 대한 기존의
생각을 한순간에 떨쳐내고 있다.

석굴 내부는 전랑과 본당으로 나뉘고 본당 가운데 시바의 탈
것인 난디가 성실을 향해 앉아 있다. 난디는 항상 주인을 향해
앉아 있는데, 주인을 보호하는 역할보다 언제든지 주인이 부르
면 달려갈 태세다. 차갑지만 엄숙한 신을 위한 사당이다. 사각기
둥 상부의 각종 문양은 절제되어 있고, 세련된 길상문과 정령들
의 모티프가 아름답다.

이곳의 마신을 죽이는 두르가 여신상은 더욱 극적인데, 두르
가의 오른발로 소로 분장한 마신의 머리를 짓밟고 왼손으론 꼬
리를 휘어잡는 자세를 취하고 있다. 그러나 두르가 여신의 거친

바다미 석굴사원 우측 벽감의 시바

바다미 석굴사원 1굴 내부　　　　　　　　바다미 석굴사원 1굴 기둥 조각

행동과 달리 그녀의 몸은 매우 여성적이
다. 고대인의 성적 표현은 단순한 섹시함
의 범주를 넘어서고 있다. 각종 말초적 쾌
락에 익숙한 현대인으로서는 이해하는 데
상당한 수양이 필요한 사안이다. 이 작품
은 마하발리푸람의 두르가 여신상과는 다
른 원시적인 작품으로, 같은 소재의 도상
이 시대와 지역에 따라 변하고 있음을 보
여주고 있다. 2굴은 비슈누 신을 위한 석
굴로 1굴과 같은 형식이지만 규모가 약간
작다.

　고대인들은 왜 석굴사원에 집착했을까?
평지의 사원보다 몇 배의 시간과 노력을
기울어야 하는, 고된 작업을 감내케 하는

바다미 석굴사원 1굴. 마신을 죽이는 두르가 여신상

그 무엇은 무엇일까? 신의 거처는 수미산이라 생각했으며 그곳에 신을 모시는 것이 당연하다고 여겼을 수 있다. 그리고 거대한 위압감을 주는 바위산을 신의 형상으로 여기는 그들에게는 경외와 영감의 원천이었다. 이곳에 굴을 뚫고 신을 모시는 행위는 자궁 사상의 표상으로, 생명의 탄생처럼 인간이 알 수 없는 현상에 신의 역할이 주어진 것이다. 자궁 깊은 곳에 모신 링가는 드디어 합일에 만족하며 민초에게 성령의 은총을 베풀었을 것이다. 그렇다면 불교의 탑 신앙도 링가 사상과 연결될 수 있으며, 탑에 모신 부처님의 사리는 출발지로 회귀하길 염원해서일까?

전랑의 좌우측 외면에는 높은 관을 쓴 비슈누 신의 진신을 조각했다. 두 상은 입상으로 비슈누는 눈을 감은 인자하고 따뜻한 모습이다. 곁에는 그의 배우자 파르바티가 사랑스럽게 바라보고 있다. 전랑에 들어서자 좌측에 바라하의 화신상이 보이고 우측에는 가나의 화신상이 보인다. 가나는 왼발을 높이 쳐들어 세계를 구획하고 바하라는 홍수로 물속에 잠긴 대지를 구하는 장면으로, 정녕 비슈누 신의 천지창조의 역사를 극적으로 설명하고 있다. 이 작품들 역시 모델링이 훌륭하고 동세가 적극적이다.

가나의 중심은 신도들의 손을 타 까맣게 변색하여 윤이 흐르고 있다. 작가와 관객이 서로 다른 생각을 하고 있다. 힌두의 신은 인간에게 원초의 죄를 심문하지 않고 스스로 역사하며 그

소임에 만족한다. 비슈누의 화신 중 바라하와 가나는 초기 화신에 속하며 8세기경에야 10신의 화신이 확정되었다.

　바다미 석굴의 하이라이트인 3굴은 성벽과 문이 설치되어 있다. 아마도 3굴은 왕족의 예배당으로 평민의 출입을 제한했을 수도 있다. 성벽은 공들여 쌓았고 너른 경내에서 바라본 조망은 매우 훌륭했다. 석굴은 단층으로 전면에 거대한 8개의 사각기둥이 설치되어 그 규모가 단일 석굴로는 인도에서 최대로 보인다. 사실상 석굴은 공학적으로 내부에 공간을 형성할 때 지지대, 즉

바다미 석굴사원 2굴, 비슈누 신전 바라하의 화신상　　　　　바다미 석굴사원 2굴, 비슈누 신전 가나의 화신상

기둥이 필요 없는 구조다. 외부의 힘이 분산되어 스스로 지탱하는 재료적 특성을 갖고 있지만 고대인들은 힘들여 기둥을 설치하고 아름답게 조각했다. 그들은 평지에 있는 왕궁을 이곳에 재현했다. 신을 모시기 위해서이다.

몇 개의 계단을 밟고 기단 위에 올라서니 조명이 없는 광활한 내부가 차츰 익숙해지며 거대한 기둥이 나타난다. 건물 내부 공간에 적절히 배열된 석조 기둥들은 형태가 모두 다르며 공들여 조각한 흔적이 역력하다. 빛이 닿은 벽에는 각종 신상이 살아 움직이는 듯 조각되어 있다. 벽감의 조각과 기둥 그리고 천장은 하나의 작품으로 다시 태어나고 있다. 현대의 어느 박물관도 이와 같은 공간예술을 창출하지 못할 것이다. 전랑 기둥 주두에 아름다운 미투나상이 조각되어 있다. 이 미투나상은 목조각의 번안으로 보이며 후대의 호이살라 건축에 이르면 소재가 더욱 다양해진다. 목조와 석조는 소재 측면에서 비교할 수 없다. 더구나 암반을 통째로 조각한 이곳의 미투나상은 당대 예술인들의 공력을 충분히 보여주고 있다. 주두 부분의 인물상은 기원전 불교 석굴인 뭄바이 부근의 카를라 석굴이 유명한데, 그곳에는 공양인인 듯 남녀 기마상이 매우 정교하게 조각되어 있다. 천장의 문양도 정교하고 아름답다. 곳곳에 녹색과 붉은 색조의 벽화 단편이 남아 있어 초기에 석굴을 아잔타 석굴같이 벽화로 치장했을 것이다.

이곳의 조각 역시 압권이라는 표현이 적당할 것 같다. 전랑 좌측의 비슈누 입상과 아난다 용 위의 비슈누 좌상 그리고 바라하의 화신의 장면이 조각되고 우측엔 가나의 화신과 사자인 간과 비슈누 입상이 차례로 선보이는데, 거대한 규모와 살아 있는 듯한 정교한 모습에 압도되어 말을 잊는다. 특히 똬리를 튼 아난다 용을 대좌 삼아 편하게 앉아 있는 신의 모습은 작가의 의도가 무엇이든 경외의 시선을 뗄 수 없게 만든다.

신은 자신의 상징인 높은 보관을 착용하고 두 팔은 무릎에 자연스럽게 내려놓았다. 또 다른 두 팔은 위로 향해 소라 고동을 들어 보이며 자신이 위대한 비슈누 신임을 증명하고 있다. 머리 위에 9마리의 아난다가 부채 형상으로 그를 보호하고 있는데, 지고한 신의 모습을 극적으로 연출하고 있다.

그러나 신에게서 편안함이 느껴진다. 그는 무서운 형상을 하지 않고 무기도 들지 않고 호위도 없이 조용히 앉아 있다. 그러

바다미 석굴사원 3굴, 비슈누 좌상

바다미 석굴사원 3굴, 전랑 좌측의 아난다 용 위의 비슈누 좌상과 바라하의 화신 장면

바다미 석굴사원 3굴, 전랑 좌측의 비슈누 입상과 사자인간 입상

나 보는 이로 하여금 몸을 얼어붙게 하는 그 무언가가 있다. 그것은 조각가의 천재성과 깊은 신앙의 결정체일 것이다.

비슈누 도상은 일반적으로 네 손에 원반·조개·곤봉·연꽃을 수지하며 잘생긴 남성으로 표현된다. 원반은 무기이고 조개는 생명의 근원을 의미하며 곤봉은 원초적 지식을, 연꽃은 정결과 평화를 의미한다고 한다.

이미 언급했지만 힌두 도상을 이해하기 위해 비슈누의 10화신 사상은 중요하다. 최초의 세 화신인 물고기·거북이·멧돼지는 베다의 우주 창조 신화에 나오는 창조물이며, 네 번째 사자인간은 악마로부터 세계를 구하며, 다섯 번째 난쟁이는 전 우주를 세 걸음으로 걸어 인간을 이 세상에 내려준 동자로 표현된다. 여섯 번째 화신인 파라슈라마는 오만한 귀족과 전사를 많이 죽인 도끼를 든 모습으로 나타난다. 2대 서사시『라마야나』의 라마와『마하바라타』의 크리슈나가 각각 일곱 번째, 여덟 번째의 비슈누의 화신이 되는데, 자신을 신봉하는 대중을 지켜주는 그들은 사람에게 도움을 줄 때 항상 동물의 모습이나 인간의 형태를 취한 화신의 모습으로 나타난다. 붓다는 아홉 번째이며 마지막 열 번째는 미래의 화신 칼키다. 칼키는 세상의 종말에 출현하여 선악을 가려 벌을 주며 이 우주를 브라흐만에게 돌려준다고 한다. 이들이 인간이 천년이라는 세월에 걸쳐 창조한 비슈누의 화신들이다.

또 비슈누와 관련된 신들은 하누만·락슈미·가루다 등이 있

바다미 석굴사원 3굴의 천장 문양   바다미 석굴사원 3굴의 기둥 조각

다. 하누만은 『라마야나』에 나오는 원숭이 영웅으로 라마의 가
장 충실한 숭배자이다. 비슈누의 배우자인 락슈미는 부와 풍요
의 여신이다. 비슈누 신이 초월적인 도덕적 선과 우주의 질서를
나타내는 반면, 락슈미는 세속의 행운과 부의 여신으로 인기가
있다. 가루다는 비슈누 신이 타고 다니는 전설의 새로 비슈누
도상에 단골로 등장하는 소재이다.

　이제 마지막 석굴인 4굴로 서둘러 올랐다. 인도의 석굴은 불
교와 힌두교 그리고 자이나교가 사이좋게 공유하고 있다. 하나
의 석굴에 이교의 신을 함께 모시는 일은 드물지만 이곳 바위
산을 사이좋게 공유하며 예배드리고 있다. 유명한 엘로라 석굴
의 경우 입구로 들어서면 맨 우측에 불교 석굴이 조성되고, 중
앙에 힌두교의 석굴, 좌측에 자이나교의 신도가 그들의 신을 모
시기 위해 석굴을 조성했다. 야훼라는 공동의 시조를 갖는 유대

교와 기독교, 이슬람교가 현재까지 반목을 거듭하며 피를 흘리
는 현상과는 너무 대조적이다. 민족성 때문일까, 아니면 유목민
과 정착민의 서로 다른 환경 때문일까? 힌두 왕국의 바다미도
이슬람 세력의 침입으로 큰 피해를 입었지만 이슬람 사당과 묘
당은 지금도 그들과 함께 공존하고 있다.

　4굴은 2굴과 비슷한 규모로 석굴의 건축양식은 여타 힌두 석
굴과 유사하다. 그러나 내부의 분위기는 이곳이 자이나교의 영

바다미 석굴사원 4굴, 자이나 입상

역임을 분명히 보여주고 있다. 전실 좌우측 벽감에 경직된 자이나 입상이 조성되어 있는데 매우 훌륭한 남성의 신체를 모델로 신상을 새겼다.

남성의 신체도 이 정도면 아름답다는 생각을 해본다. 원래 동물의 수컷은 암컷에 비해 화려하고 건장하다. 인간도 예외는 아닐 것이다. 스라바나벨라골라의 자이나상은 너무 거대해 균형을 잃었지만, 3m 정도 되는 이곳의 신상은 건장한 남성의 신체적 특징을 유감없이 묘사하고 있다.

내부 벽감에 25명의 조사를 배경으로 자이나 입상이 조각되어 있는데 후대까지 유행한 익숙한 도상이다. 내부의 성소에는 좌상을 모시고 있다. 어두운 곳에서 선정 중인 그를 플래시를 터트린 뒤에야 볼 수 있었다. 긴 선정을 방해한 동방의 이방인을 부디 용서해주시길.

4개의 석굴 방문에 2시간을 투자하고 밖으로 나왔다. 멀리 호숫가에 7명의 여인들이 빨래에 열중이다. 평화롭고 아름다운

바다미 석굴사원 저수지 주변의 고대 석조 사원

정경이다. 남편과 자식의 더러워진 옷을 깨끗한 물에 헹궈내며
여인들은 오랜 시간 그들을 생각하고 있다. 그러나 현대의 남편
과 자녀의 더러워진 옷가지는 자동화된 세탁기 안에서 빠른 속
도로 세제와 함께 돌고 있다.

아직도 석양은 멀었고 한가한 이곳의 대지는 침묵이 흐른다.
동료들은 말없이 담배를 입에 물고 나는 멀리 성냥갑 같은 고대
의 힌두교 사원을 하나씩 렌즈에 담으며 찰카닥찰카닥 셔터를
눌러댄다.

장담할 순 없지만 다음에 또 이곳에 올 기회가 있으면 저곳까
지 꼭 가보리라는 염원을 되뇌이며.

파타다칼

파타다칼 사원Pattadakal Temples과 아이홀레Aihole는 이곳 바다미와 함께 후기 찰루키아 왕조의 힌두 유적에 속하지만 석굴이 아닌 평지에 건설된 석조 사원이다. 남·북방의 사원 양식이 혼재되어 있을 뿐만 아니라 석굴을 벗어나 평지에 시도되는 초기의 사원 형태가 남아 있어 학자들의 논고가 많은 편이다.

파타다칼은 바다미에서 동쪽으로 약 21km 떨어져 있다. 유적은 말라프라바 강 동쪽에 위치하며 대부분 비교적 이른 시기인 7, 8세기의 힌두 사원으로 1987년에 세계문화유산에 등록되었다. 이곳에 8개의 힌두 사원과 동쪽으로 500m쯤 떨어진 곳에 9, 10세기에 건립된 자이나교 사원이 남아 있다.

이곳의 힌두 사원군은 양식적으로 북방 형식과 남방 형식이 혼재하는데, 북방 형식은 지리적인 이유에 기인한 일시적인 유행으로 보이며 남방 형식은 초기 드라비다 건축양식을 잘 보여주고 있다. 힌두교 건축사에서 북방 형식은 시카라(본전의 지붕)가 옥수수 형태로 수직 개념의 상하 단면차가 크지 않은 축조물인 반면, 남방 형식은 직선의 피라미드 형식으로 하방이 넓은 방형인 수평 계단식 개념의 축조물이다. 상부 관석 역시 북방 형식은 도너츠형으로 수직적 장식성이 강하며, 남방 형식은 꽃봉오리형으로 왕관을 상징한다는 주장도 있다.

이곳은 두 양식이 공존하는 중요한 유적이다. 두 양식이 공존

파타다칼 사원 전경

하는 이유는 아마도 지리적인 이유가 가장 클 것이다. 찰루키아 왕조는 데칸고원의 사타바하나 왕조를 계승하여 북부와 인접하고, 남쪽의 팔라바 왕조의 영향도 무시할 수 없었다. 유적은 북에서 남으로 시대 순으로 축조되었는데 하대로 내려갈수록 규모가 커지고 있다. 북방 형식은 갈라가나타·파파나타·카시비슈와나타·비슈베슈와라·잔브링가 사원이 있고, 남방 형식 사원군은 비루파크샤·말리카르주나·상가메슈와라 사원이 있다.

북방형으로 분리되는 4개의 사원군은 10~12세기에 건립된 오리사 주의 사원군(오리사 중세 사원군은 대표적인 북방형 사원으로 8세기 후반부터 13세기 전반에 이루어진 것으로 부바네슈바르와 푸리, 코나라크에 인도 최대의 사원군이 현존한다)이나 카주라호(카주라호는 라지푸트족이 세운 찬델라 왕조의 수도로서 번영했던 곳이다. 찬델라 왕조는 10세기 중엽 11세기에는 전성기를 맞이하지만 13세기경 쇠퇴한다. 현존하는 사원은 20기 이상으로 대부분 10세기 후반에서 11세기 전반에 걸쳐 건립되었다고 본다)의 북방형 사원군과 비교되는데 7, 8세기 이른 시기의 작품으로 평가된다. 정확한 건립 연대는 알 수 없지만 지리적으로 이들 사원과 격리될 뿐 아니라 왕조가 다른 작품으로 후대에 조성되었을 가능성을 배제할 수 없으며 조성 경위 등이 흥미로운 유적이다. 그러나 이들 북방 형식의 사원군은 이 지역의 사원 양식이 남방 형식으로 고착되기 이전의 시도로 보인다.

대표적 남방형인 상가메슈와라 사원은 제7대 왕인 비자야디티야(696-733)에 의해 건립된 것으로 본전의 지붕은 3층으로 높지 않고 비교적 심플한 초기 형식이다. 비루파크샤 사원은 전기 찰

파타다칼 사원 북방형 사원군   파타다칼 사원 남방형 사원군

루키아 왕조의 제8대 왕 비크라마디티아 2세[734-744]가 칸치푸람의 팔라비 왕조와 싸워 승리한 전승 기념으로 왕비 로카마하데비가 건립했으며, 이 사원 뒤쪽에 말리카르주나 사원은 규모는 작지만 형태는 비슷한데 또 다른 왕비가 같은 시기에 건립했다고 한다.

　남방 형식 사원은 비루파크샤 사원이 칸치푸람에서 데려온 건축가 당다가 건립했다는 명문이 존재하여, 칸치푸람의 팔라바 왕조의 건축인 카일라사나타 사원 건축[7세기 팔라바 왕조의 라자심하]과 관계가 있으며, 비자야디티야 찰루키아 왕조를 계승한 라슈트라쿠타 왕조가 데칸고원의 엘로라 석굴에 카일라사나타 사원을 건립했다. 동부 해안의 칸치푸람과 마하발리푸람의 팔라바 왕조의 7, 8세기 양식이 내륙 지역인 이곳에 전해지고 지리적으로 가까운 엘로라의 사원 건축에도 계승되어 남방계 힌두 사원

의 계보를 이루고 있다.

　바다미에서 찰루키아에 이르는 길은 한가한 시골길로 염소를 몰고 가는 목동과 우마차 그리고 머리에 짐을 얹은 시골 아낙들과 자주 스쳐 지나간다. 산과 들판과 그곳의 사람들은 경건하고 절제된 모습이다. 사람이나 동물에게서 도시의 풍요는 찾아볼 수 없으나 자연과 살아 있는 것들은 서로의 분수를 지키고 있다. 아직도 바다미 석굴의 잔상이 가득한 머릿속을 일상의 풍경에서 평상심을 되찾아가는 중이다. 도중에 9세기 자이나 사원에 들려 휴식을 취한 후 기사에게 길을 재촉했다. 파타다칼과 아이홀레 두 곳 모두 이날 오후의 답사 일정에 포함된 탓이다.

　파타다칼에 도착해 표와 몇 권의 책을 구입한 후 바로 입장했다. 넓은 초원에 8개의 사원이 서로 자태를 뽐내고 있다. 거친 붉은색 바위를 가공하여 아름다운 축조물을 만들었다. 인간들이 살지 않는 신의 거처이지만 인간의 숨결이 느껴진다. 마하발리푸람의 파이브라타스가 습작이라면 이곳은 용기 있는 첫 시도로 보인다. 왕조는 훌륭한 신전을 만들기 위해 아이홀레에서 지난한 노력을 경주했으나 실패를 거듭하다 마지막으로 백방으로 장인을 초청하여 결국 근사한 사원을 완성했다. 이곳은 산이 보이지 않는 대평원이다. 힌두의 만신을 산에서 대평원으로 모셔오는 첫 시도에는 용기와 행운이 필요했다. 석굴의 신들을 인간의 거처로 모셔오는데 2백 년이 족히 걸린 힘든 여정이었다.

현지의 여학생들이 그들의 조상이 건립한 유물을 배경으로 한가롭게 걷고 있다. 근래 남인도의 사원지에는 일반 관람객보다 단체 학생들이 자주 눈에 띈다. 학생들에게 조상의 위업을 보여주는 것은 바람직한 일이다. 컴퓨터게임에 익숙하기 전에 조상의 아날로그식 전통의 소중함을 체험시키기 위함이다. 인도는 인공위성을 보유하고 디지털의 영역에서도 세계 최고의 수준에 도달한 나라이지만 인도인의 99%는 소처럼 느리고 세상에서 소외되어 살고 있다. 이미 전 국민이 '영특'해진 우리나라와 비교된다.

북방 형식의 사원들은 파괴되어 복구한 흔적이 보인다. 규모는 작으나 당당한 시카라는 정교하고 꼭대기의 관석도 잘 보전되어 있다. 전면의 비마나 벽면에 그리스 헬레니즘의 흔적인 꽃줄을 매고 있는 동자의 반복되는 문양이 보인다. 기원전 3세기에 알렉산더대왕이 인더스 강에 도착했던 흔적이다. 알렉산더가 죽은 천년 후에 동서 교류의 흔적을 남인도에도 남겼다. 문명과 문화의 교류를 다시 한 번 생각해본다.

남방 형식의 사원군은 팔라바 왕조 대의 카일라사나타 사원과 마하발리푸람의 파이브라타스와 같은 형식이다. 서로 전쟁을 치르면서도 장인을 데려다 그들의 사원을 재현하고 있다. 이제야 이해가 가능할 것 같다. 신라와 백제가 원수처럼 싸웠지만 미륵사와 황룡사의 역사에는 서로의 도움이 필요했다. 신봉하는 종교의 신이 같기 때문이다. 또다시 서둘러 시골길을 달려 오늘의 마지막 답사지 아이홀레로 향했다.

아이홀레

바다미에서 약 30km 정도 떨어진 아이홀레는 비교적 큰 도시로 유적은 넓은 범위에 분산되어 있다. 아이홀레는 찰루키아 왕조의 최초의 수도로 100여 군데에 석조 사원이 혼재하는데, 시기가 이른 것은 5세기에서 8세기의 유적이 집중되어 있다고 한다. 이곳의 리드한 사원과 두르가 사원의 축조 시기는 6세기로 추정되며, 이 두 사원은 힌두교 건축사에서 중요한 자료이다.

불교 비하라의 평면을 갖는 리드한 사원은 5세기[450] 작으로 보기도 하는데 이 지역에서 가장 이른 시기의 석조 건물이다. 본당에 난디를 모시는 내실을 중심으로 방형의 2중 기둥을 둘

아이홀레 리드한 사원(위)   아이홀레 두르가 사원(아래)

두르가 사원의 물소마신을 살해하는 두르가상(부분)　　　　　　　　　두르가 사원 나가 왕

러쌓고 외벽으로 마감하는 형식인데 완만한 석재 지붕과 상부
에 2층 형식의 소실이 설치되어 있다. 건축사가 퍼시 브라운은
이와 같은 평면은 "불교의 비하라와 같은 평면에서 나온 것이
아니라 인도의 전통 집회당인 산타라가 형식에서 유래하였다."
고 보고 있으나 인접한 데칸고원의 불교 석굴 비하라 평면이 원
용되었을 가능성은 충분하다. 종교 축조물의 가장 큰 특징은 보
수성이다. 신도의 심중에 신의 형상이 변하는 일은 없다. 교회
의 첨탑이 천년을 이어온 이유다. 학자에 따라 2층의 소실을 시
카라의 원형으로 보기도 하는데 이곳의 석조 사원에서 힌두 건
축의 기원을 설명하기 위한 시도가 주목된다. 현관 기둥에 강
가, 야무나 두 여신과 미투나상이 고졸하게 조각되어 있다.
　두르가 사원은 말굽 형태의 평면에 높은 기단과 외부에 노출

형식의 기둥을 세우고, 사당 내부는 2열의 열주로 구성되어 있어 고대 그리스 사원을 연상케 한다. 불교의 차이티야당^堂 석굴은 기원전부터 오랜 전통을 가지고 있다. 대표적인 차이티야당 석굴로는 서부 데칸 지역의 바자 석굴과 카를라 석굴 그리고 아잔타 석굴 등이 있다. 바자 석굴은 기원전 3세기 무렵에 개굴된 석굴로 고대에 불교 신도가 모여 예배하는 공회당의 성격을 갖는다. 석굴 끝 스투파를 향해 중앙의 공회소와 양측의 통도를 구분하는 열주가 특색인데, 두르가 사원은 석굴이 아닌 평지 사원으로 이와 같은 석굴사원의 전통을 계승하고 있다고 본다. 석굴 내의 기둥은, 앞에서도 말했듯이, 장식용이지만 평지의 기둥은 건축구조를 지탱하는 불가결의 요소로 이 건물은 수많은 시행착오를 거친 듯 조금 생경한 모습이다. 외벽에는 벽감이 설치되어 시바·비슈누 등 힌두 신과 〈물소마신을 살해하는 두르가상〉이 보인다. 초기 힌두 건축으로 평가되는 이들 사원은 산속의 불교 석굴에서 점차 평지의 힌두 석조 사원으로 대체되는 과도기적 작품으로 주목받는다.

해가 지면서 사방이 분주해지기 시작한다. 이곳 사원지는 지금은 시장터로 변모했는데 저녁을 준비하는 현지 사람들로 북적인다. 사람들은 이 고대의 사원에는 관심이 없는 듯 짐을 사원 내부에 아무렇게나 들여놓고, 가축들은 주변에서 급한 용무를 보고 있다. 【남인도인문기행】

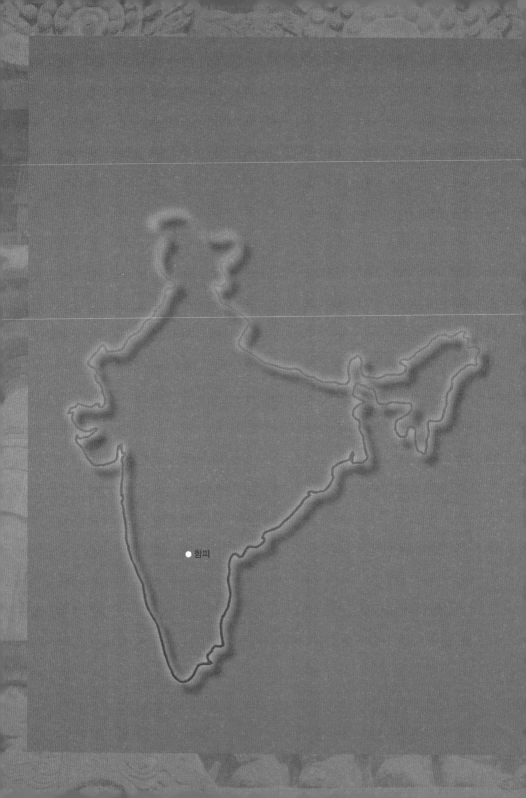
함피

마지막 힌두 왕국 비자야나가르의 도시
———
함피

함피는 남인도 관광지로 상당히 유명한 곳이다. 인도 힌두 왕
국의 마지막 발자취가 남아 있고 이곳의 자연이 우주의 어느
행성을 닮았기 때문이다. 가보지 않은 행성을 닮았다는 억지도
이곳을 방문해보면 자연스럽게 이해된다. 15세기 무렵의 비자
야나가르 힌두 왕국(1336-1649)은 세계 최고의 부를 소유한 강대한
국가였다. 촛불이 꺼지기 전 마지막 불꽃이 더욱 강열해지듯 천
년의 힌두 왕국을 무너뜨리며 밀물처럼 밀려오는 데칸의 이슬
람 연합군이 이곳을 짓밟기 전 마지막 2백 년의 영화를 누리던
곳이 이곳이다. 나라를 지키기 위해 무려 백만 명이라는 용병을
두었지만, 1565년 5개 이슬람 국가가 연합해 침공하자 무너지고
말았다.

6, 70년대 세계의 히피들은 이곳을 그들의 성소로 정했다. 현

대의 문명을 거부한 그들은 해변의 도시 고아에서 섹스와 향락
에 지친 몸과 영혼을 이끌고 이곳 거대한 폐허로 무리 지어 모
여들었다. 그리고 밝은 달밤을 골라 모닥불을 피워놓고 주위를
돌며 밤을 새워 춤추고 노래했다. 스스로 학대했던 몸과 영혼
을 이 폐허에서 치료받고 위로받기 위함인지, 마치 중병에 걸린
맹수가 흙에서 마지막 희망을 찾는 모습이었다. 다음 날 그들은
걷고 자전거를 타며 이곳 행성의 신천지를 누비며 맑은 공기를
만끽했다.

함피 가는 길   함피 농촌 풍경

    원주민들의 해맑은 눈동자가 그들을 다정하게 바라보고 있었
다. 눈에 보이는 자연은 이미 그들이 저주하던 세상이 아니었
다. 문명의 찌꺼기는 보이지 않고 맑은 물이 흐르는 강과 사방엔 초
원과 야자수, 소와 염소들이 한가하게 풀을 뜯고 있는 평화로운
모습이다. 동화에서나 나올 것 같은 커다란 바위가 수없이 포개
진 풀 한 포기 없는 바위산들은 수석처럼, 폐허처럼 드문드문
멀리까지 이어진다. 이제 도시의 방랑자 히피들도 새 생명을 얻
었다. 그들은 삶에 복귀해 가정을 이루고 다시 우주의 섭리에
감사할 것이다. 이곳이 함피다.

    페르시아 대사였던 압둘 라자크는 1443년에 함피를 방문한
뒤 "이런 도시는 눈으로 본적도, 들어본 적도 없다. 음식은 넘
쳐나고 사람들은 온몸을 장미로 치장하고 있다. 시장에는 각종
비단과 진주, 에메랄드, 사파이어 등의 보석이 넘쳐난다."고 적고

있다. 또 1518년 이곳을 방문한 포르투갈인 두아르테 바르보사는 "거대하고 아름다운 궁전들…… 많은 정원과 잘 지어진 거대한 건축물들, 탁 트인 넓은 공간과 셀 수 없는 많은 저수지가 있다."고 기술했으며 다른 방문자들 역시 금접시·보석·비단과 화려한 벽화들에 관해 전하고 있다.

이러한 부의 원천은 무역 때문인데 특히 향신료와 면 등이 최고의 수입원이었다. 이 도시는 퉁가바드라 강이 지나가는 천연 분지에 위치해 있다. 이 강은 정교한 관개시설을 통해 분지 전역에 물을 공급하여 인도에서 가장 비옥한 면화 재배지로 만들었다. 지금도 벼농사뿐 아니라 사탕수수·바나나·콩 같은 산물이 풍부할 뿐 아니라 목축업에 적합한 지역으로 풍요로운 곳이다. 풍요는 인간과 동물에게 낙원을 선사했지만 역사는 반복되는 건설과 파괴를 기록하고 있다.

1986년에 세계문화유산에 등록된 함피는 호스페트에서 차로 30분정도 떨어진 곳에 있다. 호스페트는 인도 중부 내륙 깊숙한 곳에 위치하여 접근하기가 쉽지 않다. 고아, 첸나이 어느 곳에서 출발하든 중간 경유지에서 1박을 해야 한다. 근년에는 고아에서 심야버스가 운행되어 침대차에서 1박을 때우는 등 시간을 절약할 수 있지만 약간의 고생은 덤이다. 각국 대표들로 가득 찬 심야버스는 내부의 더위나 추위에 아랑곳하지 않고 격리실에 앉아 있는 운전기사 맘대로 밤새 에어컨을 틀어댄다.

호스페트는 바다미, 파타다칼 등 힌두교 유적이 인접해 있어 이곳에서 며칠간 지내며 관광하기 알맞은 곳이다.

함피는 대부분 릭샤를 이용하거나 하루 일정으로 승용차를 임대해 둘러보는데 26km²에 달하는 방대한 지역에 산재한 힌두 유적이 40군데가 넘어 하루를 꼬박 둘러보아도 시간이 부족하다. 가능하면 시간을 더 투자해 며칠을 머물면서 관광하면 좋고, 유적지 주변의 시골 마을을 새벽시간이나 저녁에 노을을 마주하며 걷는 것도 일품이다.

함피 비루파크샤 사원 고푸람

바위산에 올랐다. 맑은 공기 속에 시야가 깨끗하게 트이고 광활한 대자연과 비자야나가르의 폐허는 우리를 새로운 세계로 인도한다. 인근을 흐르는 강도 비교적 수량이 풍부하여 배를 타고 주변을 둘러보는 행운을 누릴 수 있었다. 각종 물새들이 고기를 낚아채고 강가에 방목한 흰 소 떼가 무리 지어 어슬렁거리는 아름다운 곳이다. 주인과 노역을 잊은 천수가 보장된 소들은 천적이 사라진 영토에서 태곳적 행태를 보여준다.

정류장을 나서자 비루파크샤 사원이 보이고 좌측 높은 바위 언덕에 몇 개의 석조 사당들이 눈길을 끈다. 이곳의 고푸람 역시 높이 50m을 자랑하며 사원 내부에는 양측에 긴 회랑이 있

함피 고푸람 소조상

함피 비루파크샤 사원 천장 벽화

고 우측 회랑 너머에 거대한 비마나가 보인다. 석조 건물의 채색은 아직도 남아 있고 예식이 한창인 듯 매캐한 향냄새가 진동하며 신도들로 붐빈다. 사원을 대충 둘러보고 바위산에 올랐다.

드넓은 바위는 인적이 드물고 독특한 양식의 사당과 사원들이 눈길을 끈다. 안내판에 하마쿠타 사당들과 카다레카루, 사시베칼루 가네샤 사원이라고 적혀 있다. 모두 석조 지붕과 기둥만 남아 있는데 바위산과 색조와 질감이 동일해 마치 너럭바위와 합체를 이루고 있는 듯 보인다.

주변에 사당보다 큰 천연 바위가 인공의 사당들과 어울리며 한 폭의 작품을 연출하고 있다. 아마 이곳의 사당은 역사가 상당히 오래된 듯 독특한 구조를 보여주며 우리나라의 당산나무 아래 홀로 선 당집을 대하듯 정겨운 모습이다. 이들의 신앙이 아직 산에 머물고 있을 적의 축조물로 보인다.

돌아서니 한눈에 함피 유적 전체가 조망된다. 자연의 돌과 인공의 돌이 뒤섞여 있는 매우 낯선 정경이다. 많은 사진작가들이 이곳을 선택하여 사진을 남긴다. 발아래 비루파크샤 사원의 고푸람과 비마나가 거대한 몸통을 자랑하고 있다. 그러나 끝없이 펼쳐진 대지와 바위산들은 인간의 축조물을 왜소하게 만든다. 시원한 바람이 부는 전망 좋은 언덕에서 땀을 식히며 이 도시의 옛날 영화를 추억해본다. 백만의 군대를 사열하는 국왕과 세계 곳곳에서 모여든 상인들과 각국의 사신들, 그리고 코끼리와 낙타 떼가 이 도시에 가득 차서 북적이는 듯하다. 학자들은 15세기 무렵 인도의 부가 세계 최고였다고 한다. 이렇게 부유한 나라 인도가 근세 5백 년간 서구의 침탈로 몰락하고 만다. 이제 그들은 다른 세기를 기약해야 한다.

하산 길에 무심코 고푸람의 벽면 조상을 바라보니 등신형의 각종 미투나상들이 유교에 길들여진 동방에서 온 여행객을 곤혹스럽게 만든다. 작가와 사제들은 보는 이의 시선을 의식하고 조각했는데 밝은 대낮에 남녀의 성기를 강조하다 보니 포르노의 한 장면을 연상케 한다. 도에 이르는 길이 험난하다는 생각을 해본다. 요즘 인도 남성들의 성폭행이 세계적인 뉴스거리지만 우리가 바라본 인도인들은 건조하고 이성에 무관심해 보인다. 그들의 환경은 지극히 건조하다. 종교와 기후 때문에 술이 통제되고 버스나 길거리에서 남녀는 항상 격리되어 움직인다.

함피 바위 정상의 유적군

젊은 청춘남녀가 어울리는 장면도 드물다. 성의 아름다움을 숭배했던 과거가 지워지고 지금은 영화 속의 스토리에 만족하고 있다. 성적 불평등은 먹거리 불평등보다 훨씬 고통이 따르는 법이다. 이는 사회적으로 가장 큰 불만 요소가 되므로 국가는 많은 고민을 해야 한다.

우리는 시간을 절약하기 위해 승용차를 대절했다. 우측으로 돌아 첫 번째 사원이 크리슈나 템플이다. 아마 비슈누의 화신인 라마야나의 크리슈나를 모시는 사찰일 것이다. 전쟁이 일상사인 시절, 전사의 의무를 강조한 국가 이데올로기의 산물이다. 사원은 후기적 요소가 배어 있다. 조각들은 경직되고 축조 시간을 단축시키다 보니 벽돌의 사용이 늘고 조각도 소조상으로 대체되고 있다. 경내를 서성이는 나이 든 신사 한 분이 눈에 띄었다. 그분은 남인도 힌두 유적 답사 중 몇 번 조우했다. 인간은 자신이 살아온 세월을 감출 수 없다. 그의 발걸음과 시선을 따라가다 보면 그의 관심사와 생각이 보인다. 그는 인도 역사를 전공하고 특히 고대 미술에 깊이 심취하고 있는 듯 멈추고 돌아서며 하나의 작품을 여러 각도에서 바라보고 있다. 인생의 얼마

남지 않은 부분을 지팡이에 의지하며 홀로 걷고 있다. 아름다운 노년이다. 템플 전면에 길이가 수킬로미터쯤 되는 도로 겸 광장이 끝없이 이어지고 양측에 석조 회랑이 마련되어 있다. 세계의 각종 물산을 사고파는 곳인 듯 상인들의 함성이 지금도 귀에 생생하다.

언더그라운드 시바 템플을 둘러보고 높은 성벽이 구축된 경내로 입장했다. 성은 한때 완파된 듯 새로 쌓은 흔적이 역력하다. 그러나 네 모서리의 높은 성루는 당시의 모습을 간직하고 있다. 이곳에는 이 지역의 또 하나의 명소인 로터스 마할과 엘리펀트 스테이블 그리고 아름다운 석조 박물관이 있다. 이 건물들은 축조 연대를 15세기로 기록하고 있는데, 비자야나가르 왕조를 폐허로 만든 술탄의 건축양식이 힌두교 왕궁에 도입된 과정을 설명할 수 없다. 그러나 드라비다의 장인들에게 이념은 별로 중요하지 않는 듯 인도의 북부를 장악한 이슬람 세력의 상징인 돔과 아치를 적용한 건물을 탄생시켰다.

이 양식을 힌두-이슬라믹 스타일이라고 부른다. 돔과 지붕, 창호 등은 이슬람 양식이며 기둥과 주두 등 실내장식 등에서 인도 고전이 보인다는 이야기다. 사람이 사는 건축의 외관은 지역의 산천과 그곳에 사는 사람들의 모습을 닮았다. 로마나 중국의 건축이 이곳에서는 생경할 것이다. 그러나 술탄의 건축은 아무런 저항도 없이 힌두스탄에 정착했다. 정착이 아니라 새로운 경지를 개척하며 세계 건축가들을 경탄시켰다. 이슬람교와 힌두

함피 로터스 마할 전경

교가 만나 시크교를 탄생시켰듯이 뿌리가 다른 두 건축양식은 서로의 장점만 갖추어 장엄한 인간의 거처를 완성했다. 개인적으로 인도 건축의 백미는 불교 고대 석굴과 힌두교의 중세 석조 건축 그리고 이슬람-힌두 양식의 건축을 꼽고 싶다. 모두 세계적인 종교인 불교와 힌두교, 이슬람교의 위대한 유산들이다.

왕궁은 남아 있지 않고 후원쯤 되는 곳에 한 송이 연꽃이 피어나는 듯 갈색조의 건물이 눈에 들어온다. 로터스 마할이라는 이름이 붙여진 건물로 크리슈나 데바라야 왕비를 위한 별장인데 왕실의 사교 장소로 쓰였다고 한다. 십자형의 평면에 13개의 우람한 기둥이 2층 건물을 지탱하고 있다. 높은 기단 위의 1층은 접객실로 쓴 듯 사방이 개방되어 있고 내부에 2층으로 올라가는 계단이 있다. 2층에는 왕궁의 비밀 연회장이 있었을 것이다. 천장과 주두 부분의 세밀한 조각이 일품이다. 독립된 9개의 지붕으로 구성되어 있는 지붕은 피라미드형으로 힌두 사원 양식인데 구조적으로 돔의 형식을 채용했다.

이슬람 양식의 건물은 극도의 대칭성을 지향한다. 이 건물 역시 관전 포인트는 안정감과 대칭성 그리고 석조가 주는 따뜻함이다. 이 건물과 나이가 비슷해 보이는, 신의 창조물인 경내의 고목들과 비교해도 손색이 없다.

뒤편에 엘리펀트 스테이블이라는, 돌과 벽돌로 지어진 코끼리 사육장이 장대한 몸체를 선보이고 있다. 중앙의 사령실을 중심으로 양측으로 5개의 각기 다른 돔 형식의 방형 건물이 늘어서

함피 엘리펀트 스테이블 전경

있는데, 전체 건물 길이가 족히 200m는 넘어 보인다. 인도에서 코끼리는 신성한 동물로 여겨져 왕권의 상징이었으며 왕실의 코끼리들은 특별한 대우를 받았을 것이다. 더구나 시바 신의 아들로 인기 있는 가네샤 신의 형상을 모시는 곳이 아닌가. 심플한 기능을 갖는 건물에 각기 다른 형태의 돔을 적용하여 단조로움을 극복하고 새로운 미감을 선사하고 있다. 동서와 고금을 관통하는 것이 미의식이다. 진과 선은 시대에 따라 대상이 변하지만 미의식은 시공간을 초월한다. 그것은 아마 아름다움이 진실과 선함의 종착지이기 때문일 것이다.

우측에 또 한 동의 심플한 건물이 보인다. 높이가 5m쯤 되어 보이는 높은 기단 위에 전랑이 노출 형식으로 개방성이 강조된 석조 건물인데 현재는 박물관으로 사용하고 있다. 내부에 이 지역에서 출토된 석조물들을 전시하고 있다.

비자야나가르 시대의 조각의 특징은 자유로움과 유머다. 생활이 풍족한 그들에게 심각한 모티프는 어울리지 않는지 기묘한 동식물들과, 춤추고 악기를 연주하는 사람들의 동작이 자유롭고 인간적이다.

15세기쯤 동서의 인류는 신에게서 해방되는 명제를 갖고 있었다. 나무 그늘 아래에서 쉬면서 야자열매를 쪼개어 과즙을 들이켜 본다. 시원한 청량음료와 다른 담백하고 깊은 맛이 있다. 눈과 입이 오랜만에 호강하고 있다.

가까운 곳에 있는 랑가 템플을 둘러보고, 비자야나가르 왕조

함피 유적지내의 박물관

함피 비지아나가르 시대의 조각

함피 비지아나가르 시대의 조각

함피 엘리펀트 스테이블 내부

함피 유적지내의 박물관 내부

의 힘을 보여주는 마하나
바미 제단과 방대한 고가
수로와 완비된 당대의 저
수조를 견학하기 위해 발
걸음을 서둘렀다.

　이곳은 왕의 영역이다.
라마가 그의 적에 대항
해 싸움터로 출정한 장면
을 모방하여 이곳에서 왕
은 군대의 사열을 받으며 몸소 두르가 여신에게 전승을 빌었다
고 한다. 또 이 제단에서 9일 동안 밤마다 다양한 의식 행렬과
씨름, 음악, 춤, 불꽃놀이 등을 펼치며 축제가 열린 곳인데 그때
는 온 나라의 귀족이 모두 참여해 왕의 건승을 기원했다. 높이
10m의 화강암 계단은 당시 비단과 보석으로 화려하게 치장했
다고 전해지는데 나도 왕처럼 단 위에 올라보았다. 발아래 운집
한 왕의 군대는 끝이 보이지 않는다. 그들의 함성은 드넓은 함
피의 하늘에 울려 퍼지고 있다.

　퉁가바드라 강가에 있는 유명한 서양식 레스토랑에서 흐르는
강물을 바라보며 몇 가지 요리를 주문했다. 점심시간인지 관광
객들로 붐빈다. 대부분 서구에서 온 여행객들로 온 몸이 새카맣
게 그을린 배낭족들이다. 이곳에서 한 달이 지나는 동안 시간
이 갈수록 나이와 국적을 상실해가는 느낌이다. 우리에게 '상실'

함피 비탈라 사원 비슈누 라타　　　　　　　　　　바다미로 가는 길에서 본 라타

이라는 단어는 국제화를 의미하며 젊어졌다는 신호다.

　함피의 마지막 답사지 비탈라 사원은 전동차를 타야만 접근이 가능하다. 공해 방지를 위한 관광청의 배려인지 유적에 대한 현지인들의 인식도 차츰 변하고 있다는 걸 느낀다. 동승한 일단의 인도인 가족들과 눈인사를 몇 번 나누다 보니 벌써 사원 앞에 도착했다. 이 사원은 비자야나가르 건축 중 최고 명작으로 꼽히며 사원 앞에 비슈누 라타스, 즉 비슈누가 타고 다니는 가루다를 모신 석조 사원이 유명하다.

　사원 외곽에 거대한 바자르 유적이 있는데 길이가 945m, 폭이 45m에 달한다. 전성기에는 이 사원도 도심에 위치하여 번잡했으리라 짐작된다. 하지만 과거의 영화는 사라지고 지금은 모두 폐허만 남아 있다.

　비탈라 사원은 데바라야 2세[(1422-1446)]가 창건했으나 대부분의

함피 여행 중 갈증을 달래는 관광객 함피 퉁가바드라 강

건물은 크리슈나 데바라야(1509~1529) 시절 증축되었다 한다. 담장과 회랑이 95m×164m로, 경내의 중앙에 사원 등 주요 건물을 배치했다. 본전의 평면 형식은 호이살라 양식의 영향이 보이며 조각 역시 후기적 요소가 강하게 남아 있다. 동서의 중심축 본전 앞에 있는 석조 라타는 두 마리의 코끼리가 끄는 수레 형식으로 거대한 4개의 석조 바퀴가 일품이다.

중세기 남인도는 대부분의 왕조가 초기에는 시바를 숭상했는데 후기에 차츰 비슈누 신앙이 유행하게 되었다. 이는 라마, 크리슈나 등 비슈누의 후기적 화신의 영향으로 보이며, 인간을 심판하는 시바보다 보호하고 유지하는 신에게 기대는 민초의 심리가 작용한 것이라 짐작된다.

내일은 함피의 자연과 사람을 만나는 날이다. 이곳의 유적을 거닐며 인도 대륙은 참으로 넓다는 생각을 다시 해본다. 남인도의 10여 군데 유명한 유적만 둘러보는 데에도 한 달이 꼬박 걸리는 인도는 정말 넓은 대륙이다. 일반인들이 자주 찾는 북인도와 데칸고원 남부 지역은 지역적으로 차이가 크다. 북인도의 번잡한 도시와 메마른 땅에 고착된 인도에 대한 인상은 남인도 내륙의 자연과 풍요를 보면 놀라게 된다.

우리의 일정도 이제 마무리를 할 때가 온 것 같다. 내일 밤에는 장거리 버스로 고아로 이동해야 한다. 그동안 수많은 힌두사원을 보고 놀라고 감동하고 지친 육신을 우리도 해변에서 치유받고 싶다. 【남인도인문기행】

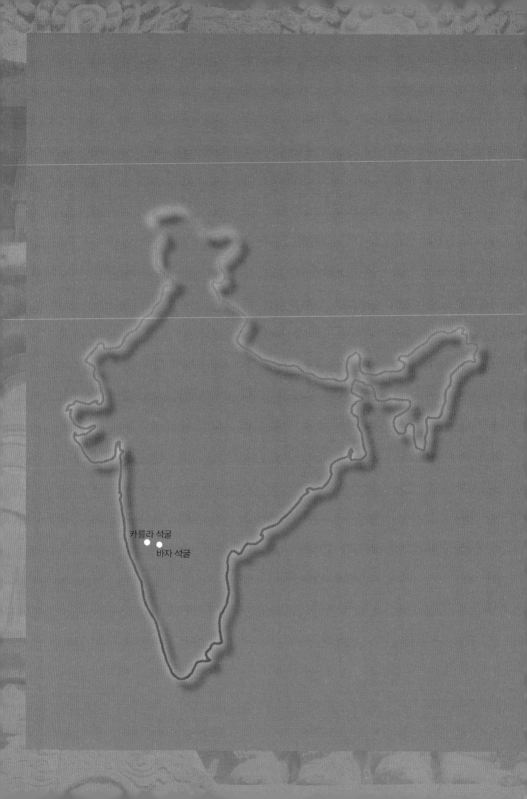

카를라 석굴
바자 석굴

서인도 최초의 불교 석굴 사원들

카를라 석굴, 바자 석굴

서인도 최초의 불교 석굴 사원들

카를라 석굴, 바자 석굴

서부 인도의 석굴 건축예술은 기원전 3세기경 시작되어 기원후 8세기 말까지 약 천년 동안 성행했으며, 세계적으로도 그 유례가 없는 석굴의 역사가 이곳에서 이루어졌다. 이 지역은 다른 곳에 비해 지세가 험준함에도 불구하고 천여 개의 석굴이 조사되었는데 대부분 한곳에 10여 개의 석굴을 조성했으나 아잔타나 엘로라와 같은 대규모의 석굴군도 있고 칸헤리나 준나르 석굴 등 한곳에 100개가 넘는 석굴이 조성된 곳도 있다. 이 지역의 초기 석굴군은 불교의 역사와 교리에 관계가 깊다.

이곳에 최초의 불교 전래는 아쇼카 왕(BC. 268-BC. 232) 대에 시작되었다고 보는데, 당시는 소승불교의 전통이 유지되는 시기로 관련 기록은 현재까지 전무하다. 또한 부처의 상도 기원후 1세기부터 조상 활동이 시작되는 북부 지역에 비해 매우 늦게 나타난다. 초기 석굴들은 불교 석굴이 대부분이지만 굽타기 무렵부터 힌두교, 자이나교와 차츰 성지를 공유하는데 이와 같은 종교의 다양성은 다른 지역에서는 보기 힘든 일이다.

이 지역은 고원지역이면서 해안에 위치하고 있다. 석굴은 7, 8월 몬순의 습한 기온과 더위를 피하기 위해 대부분 산 중턱에 자리하고 있고, 강이 동에서 서로 흐르며 주변이 비옥한 토지를 형성해주고 있다. 석굴은 예배하고 명상하는 승려를 위해 자연으로 둘러싸인 아름답고 조용한 장소에 건립되었지만 민가와 멀지 않는 곳에 개착되었다. 승려들이 음식 등을 구하기 쉽고, 예배 오는 신도의 편리성이 고려된 것이다.

암반의 강도나 절리 상태도 석굴 조성의 중요한 요소다. 특히 수평으로 발달된 절리와 균일한 암질을 갖춘 산은 굴착이 용이할 뿐 아니라 굴착 중 낙석이 적어 수많은 신도와 승려를 수용하는 대규모의 내부 공간을 조성하는 데 필수 요소다. 이와 같은 재료적 특성은 인도뿐 아니라 실크로드 지역이나 중국 내륙까지도 그 전통이 이어지고 있다.

이 지역의 암반 굴착 건축과 조각은 오늘날 인도 고대사 연구에서 중요한 위치를 차지하는데 인도 초기의 종교 문화와 건축, 미술 양식 등의 정보를 제공할 뿐 아니라, 학자들이 고민해온 마우리아 왕조가 끝나고 굽타 왕조가 시작될 때까지의 공백을 메울 수 있기 때문이다. 당 시대는 문헌이나 기록 자료가 부족하고, 고대의 건축물이 대부분 벽돌이나 목재로 조성되어 현재

준나르 석굴군

로마스리시 석굴

엘로라 석굴 전경

아잔타 석굴 전경

회복되지 못할 정도로 파괴되어 사라졌다. 그러나 이곳의 석굴에서는 고대의 벽돌이나 목조 건축양식이 석조로 변형되었는데 재료의 특성상 현재까지도 잘 보존되고 있다. 또한 고대 유적이 잔존하는 보드가야·바라후트·산치·마투라 지역은 서로 거리가 멀어 양식적 연관성을 찾을 수 없으므로 고대사 연구자들에게 이 지역은 큰 주목을 받고 있다.

석굴은 다양한 건축물, 즉 차이티야나 비하라 등으로 구성되고 석굴 내외부에 각종 종교적 모티프가 강한 조각이나 부조가 장식되어 있다. 초기 연구는 기초적인 서술에 불과하고 조성 연대의 재구성은 주로 형식 분석에만 의존했다. 이후에 추가로 발견된 명문 자료와 각종 도상 해석 그리고 과학적 탄소 측정 등으로 석굴사 연구에 새로운 전환점이 되고 있으나 아직까지 많은 변수가 상존하여 정확한 연대 측정과 도상 해석에는 한계가 있다.

인도 서부의 석굴군은 규모와 예술성으로 보아 경제적으로 부강하고 사회적으로 잘 조직된 시대의 소산임을 알 수 있다. 대규모의 예술 작품을 창조하는 일에는 상당한 수준의 예술가와 장인 집단이 있어야 하고 이를 지탱해주는 부와 정치적 안정이 뒷받침되어야 한다. 따라서 개착 당시 이 지역은 규모가 큰 도시화된 사회였을 것으로 추정되는데, 북인도의 마우리아 왕조와 숭가 왕조처럼 경제와 문화에 대한 새로운 관념을 가진 집단이 이 지역으로 이주하여 번영의 단초가 되었다. 이들은 관료 집단과 무역상 등 정치·경제적으로 우월한 집단이었으며, 현지 거주민들 역시 빠르게 동화되어 북에서 발흥한 불교와 자이나교가 점차 이들 속에 파고들었다.

이후 데칸고원 일대를 상당 기간 지배한 사타바하나 왕조(?-AD. 224)는 무역으로 부를 일군 안정된 정권이었다. 초기 석굴은 대부분 이때 개착되었으며, 이와 같은 사실은 석굴에 남아 있는 명문 등을 통해 확인된다. 이 시기 그리스·로마·아랍 등 지중해 권역과의 무역을 통해 많은 물자가 수입되고 수출되었다. 인도 내륙의 각종 상인 집단은 이 지역을 통과해 배를 타고 아라비아 해로 진출할 수 있었다. 먼 항해를 앞둔 부유한 상인들이 안전을 기원하고 편히 쉴 곳을 모색하는 것은 당연한 이치다.

이와 같은 정치·경제적 환경 변화에 따라 새로운 종교 사상이 소개되고 사회구조를 변화시켜 이 지역의 석굴 예술 전통을 가능하게 했다. 학자들이 그동안 석굴에 남아 있는 156개의 명문을 분석한 결과 왕족 30, 고위 관료 16, 상인 46, 농부와 장인 계층 14, 승려 16, 기타 34 등이 석굴 조성에 참여했다. 또 자선 행위를 포함해 정치·사회적으로도 다양한 기부 동기가 있었음도 짐작된다.

카를라 석굴, 바자 석굴

하늘은 맑고, 12월의 인도는 기온도 적당하다. 오늘 하루는 고대 불교 석굴 답사가 예정되어 있다. 지금까지 탐방한 문화유적 중에서 가장 오래된 유적이다. 뭄바이에서 가까운 석굴군은 칸헤리 석굴·카를라 석굴·바자 석굴·준나르 석굴 등이 있으며, 하루쯤 시간을 내어 아우랑가바드로 이동하면 그 유명한 엘로라와 아잔타 석굴군 그리고 아우랑가바드 석굴 등을 볼 수가 있다.

인도의 고대 석굴 유적은 인도가 세계에 자랑할 수 있는 유적으로 그 독창성과 예술적 가치, 종교미술사적 측면에서 타의 추종을 불허한다. 유물은 만들어진 장소에 있어야 그 가치가 빛난다. 세계 유수의 박물관에 소장된 작품들은 화려한 조명과 막대한 시설의 덕을 보고 있지만 이미 생명을 잃고 있어 마치 신체를 떠난 장기처럼 공허하다. 하지만 이곳의 석굴은 살아 있는 박물관이며 성소 그 자체이다.

우리는 카를라 석굴을 향해 걸음을 재촉했다. 광장 저 멀리 거대한 검은색 바위산이 누워 있다. 석굴은 산 높이 반쯤 되는 곳까지 잘라내어 직사각형 입구를 조성했는데 좌측에도 비하라로 보이는 석굴이 상하 두 곳에 조성되어 있다. 이 석굴은 인도 최대의 차이티야 굴로 내부 깊이가 38m, 입구 폭이 약 14m로 암석 굴착량이 무려 3만 톤에 달하는데, 이 정도 굴착량이면 10톤 덤프트럭 3천 대 분량이다. 서력기원 무렵 고대인들은 인력만으로 석굴을 굴착했는데 그 공력과 동원된 노동력은 상상을 초월한다. 더구나 강한 암반을 조각하여 석굴 내부에 그들의 신전을 구축하고 정교한 기둥과 각종 부조를 장식했는데 한 치의 흐트러짐도 없다.

바위산은 검은 색조의 화성암으로 절리가 횡으로 고르게 발달되어 있다. 고대 화산 폭발로 거대한 용암이 누적되며 형성된 바위산이다. 석질이 단단하나 질기지 않으며, 질량은 비교적 가볍고, 굴착할 때 상부 단면은 항상 수평 상태를 유지한다. 석굴 개착에 최상의 조건을 형성하고 있는 것이다. 인도 대륙에서 유독 서부 데칸 지역에 1천여 개의 석굴이 조영된 가장 큰 이유는 아마 이와 같은 환경 때문일 것이다.

입구에 언제부터인지 힌두교 신전이 성업 중인데 위대한 칸헤리 석굴의 외관을 반쯤 가리고 있다. 인도답지 않은 종교적 결례로, 불교가 사라진 인도 땅에 불교 성지가 수모를 겪고 있는 모양새다. 그 전말이 궁금해진다.

개착 당시 석굴 전면에 2개의 석주와 팔각기둥이 있는 석벽을 조성했으나 현재 좌측 석주만 잔존하고 석벽 역시 파괴되고 반쯤 남아 있다. 내부 구조가 온전하여 자연적인 파손으로 보이지만 아쉬움이 남는다. 덕분에 베란다는 개방되고 내부에 차이티야 창과 아래의 각종 부조상이 햇볕에 노출되어 있다. 석주는 16각으로 보이며 주두 위에 4마리 사자가 조각되어 부처님의

카를라 석굴 전경

나라를 사방에서 수호하는 모티프다.

석주의 역사는 상당히 오래되었다.
석주는 기념물이나 상징성이 강조되
는데 이집트나 고대 그리스, 페르시
아에서는 건조물의 위상과 성격에 어
울리는 석주의 역사가 현존한다. 인
도의 석주는 아쇼카 시대의 석주를
시원으로 보며, 지리적으로 가까운
페르시아 석주 양식이 도입되었으나
상부의 법륜이나 동물상 등 불교사
상적 독창성은 유지되었다.

베란다 벽면의 거대한 차이티야 창
은 목재로 방사형 창살을 구성하여
어두운 석굴 내부에 자연광을 들이

석주 상부 상세도

고 있다. 벽면 부조상은 불보살상과 공양자상이 대부분인데, 여
러 곳에 조각된 남녀 공양자상은 인물이 동일인으로 보이나 작
품마다 자세가 달라 눈길을 끈다. 고대 인도인 가족의 실제 모
습으로 보이는데, 장신구만 걸친 거의 전라의 인물상은 육체의
풍만함이 강조되고 그들 사이의 자연스러운 친밀감을 작가는
주목하고 있는 것 같다.

고대인에게 '띨'스러움이란 바로 '性'스러움이다. 인간의 생존
을 위한 번식은 신의 섭리이며 그들의 '성'은 강조될수록 혹독

남녀 공양자상

한 자연에 취약한 인간의 생존율은 높아갈 것이다. 인체에 대한
미의식은 수천 년 동안 변하지 않은 모습이다. 여성은 풍만하
나 절제되고 남자는 강건하나 부드러움이 숨어 있다. 시대와 지
역에 따라 여성의 아름다움의 기준이 변한다는 이야기는 거짓
이다. 동서고금을 통해 인간의 유전자는 최소 수천 년은 변하지
않았고 우생학적으로 유리한 새로운 대상에게 유전적 관심을
보일 따름이다.

베란다 측벽의 코끼리 조각상

베란다 양 측면의 조각은 기념비적인 작품이다. 실물 크기의 3마리 코끼리상이 양측에서 석굴에 입장한 사람을 향하고 있는데 이곳이 위대한 석존이 계신 곳임을 다시 한 번 깨닫게 해준다.

돌로 조각한 코끼리가 살아 움직이는 착각을 불러일으킨다. 상부는 4개의 층을 레일링 펜스로 구획하고 층마다 소형 차이티야 창을 가득 조각했다. 이곳의 조각가는 매우 풍부한 상상력을 소유했었고 기부자는 그들의 상상력을 자랑스럽게 생각했음이 틀림없다. 이 장인 집단들은 아잔타를 비롯해 이 지역의 석굴 예술의 최고 공헌자다.

드디어 예배당에 입장했다. 석굴 맨 끝 거대한 스투파를 중심으로 양측에 화려한 기둥을 나열하고 볼트식 천장은 목재가구로 보강하여 장엄하고 정연한 느낌이 든다. 이곳은 인도에서 가장 큰 석굴 예배당으로 지금으로부터 2천 년 전에 조성되었다. 굴착은 상부에서 차례로 진행했을 것이다. 석굴의 단면을 반복해서 측정하며 천장을 완성하고 기둥 조각을 위해 계단식 작업을 병행했을 것으로 생각된다. 섬세한 조각이 필요한 곳은 작업을 멈추고 측량을 반복했을 터이니 어둡고 습한 곳에서 얼마나 많은 세월을 고심했을까? 현대의 건설 전문가에게도 이 석굴은 숭배의 대상이며 경외의 상징이다. 무거운 돌을 쌓아 조성한 피라미드나 파르테논신전도 불가사의하지만 나는 이곳에서 인간의 집요함에 전율을 느끼고 만다.

카를라 석굴 내부 기둥   카를라 석굴 스투파

　　카를라 석굴 기둥은 아름답다. 기둥의 형식과 양식은 건축사
에서 중요한 포인트다. 전래의 팔각기둥을 유지하며 주초와 주
두를 장식하고 상부에 베란다에 조각된 공양자로 보이는 인물
두 쌍이 코끼리 위에서 다정하게 포즈를 취하고 있다. 이 거대
한 석굴에는 왕이나 귀족의 모습을 새긴 조각은 보이지 않는다.
고대의 거대한 축조물에 권력과 재물이 배제된 예는 없다. 그러
나 이 석굴 예배당은 신성한 부처의 모습도, 고귀한 제왕의 형

상도 거부된 채 민초의 전당인 양 그들의 행복한 모습만 조각했다. 시간과 고요한 적막이 흐르고 있다.

이 석굴과 칸헤리 석굴의 친연성은 잘 알려져 있다. 석굴 입구에 세워진 2개의 아쇼카식 석주와 베란다 전면의 석벽, 그리고 석굴 내부의 조각상이 칸헤리 석굴과 유사하다. 석굴 내부의 열주 주두 위에 장식된 기상 공양자상은 이곳 카를라 석굴의 백미로 서부 데칸고원의 고대 석굴의 양식적 편년의 기준을 제공하고 있다.

오후, 우리를 태운 버스는 바자 석굴로 향했다. 바자 석굴은 인도에서 가장 오래된 차이티야 석굴에 속한다. 지금까지 답사한 칸헤리나 카를라 석굴보다 약 200년 앞서 조성된 석굴로 규모나 조각의 완성도 측면에서도 매우 높게 평가된다. 버스에서 내려 40분쯤 걸어 올라가니 숨이 찰 무렵 거대한 터널 입구가 보인다. 산의 표면은 원래 검은 색조인데 인간이 2200년 전에 굴착한 석굴의 속살은 밝은 베이지색으로 두 색조가 어울리며 건조물에 입체감을 주고 있다. 아마 최초의 산의 모습은 베이지색이었으나 오랜 세월 빗물에 검게 변색되었을 것이다. 우리나라의 갓을 쓴 부처님의 얼굴색만 유독 밝은 이유도 이곳에서 찾을 수 있다.

석굴이 장대하다는 느낌을 지울 수 없다. 중앙의 차이티야당과 양측 비슷한 규모의 2층 비하라는 단일 건물로 잘 어울리며

안정감을 주고 있다. 전면에 석벽도 없으며 베란다도 설치되어 있지 않아 밖에서 내부가 훤히 들여다보인다. 최초의 석굴은 아마도 외부에 장식용 목재 시설을 하지 않은 바로 이 모습일 것이다. 외관은 일체의 인물 조각이 배제되고 차이티야 창도 최소화시킨 단순한 모습이다. 그렇다, "심플 이즈 베스트!"다.

밝은 빛을 한껏 받고 있는 예배당 내부를 들여다보니 열주와 스투파가 보인다. 열주도 장식이 없는 팔각형이고 스투파도 드럼과 반구만 갖추었을 뿐 문양도 상륜도 보이지 않는다. 이곳의 대지와 이 산도 나무 하나 없는 허허벌판이다. 장식은 인간이 권력과 부를 갖추며 생겨난 부산물로 이곳은 무소유를 주장하신 부처님을 위한 곳이 아닌가?

열주는 통도와 예배당을 구분하며 스투파 후면까지 감싸고 있다. 스투파를 돌며 예배하는 우요 의식을 위한 배려로 보이며, 초기에는 인간의 오른손이 스투파를 터치하는 것을 경애로 여겼을 수 있다. 열주 기둥은 팔각형으로 약간 내향하며 주두와 주초는 생략되었다. 이는 석재 기둥이 목재 기둥을 모방했다는 확실한 증거로, 내향한 기둥은 상부의 하중을 효과적으로 받아내기 위함이며, 팔각 단면은 목재의 손실을 최소화하고 구조적으로 안정되며 모양도 좋은, 오랜 세월 고심해온 인류의 창

바자 석굴 전경

안물이다. 팔정도의 상징일 수는 없다.

천장을 올려다보니 볼트형 암석 절개 면을 따라 목재를 가공해 조립했는데 열주보다 2배가량 촘촘히 시공되고 종방향 연결재도 공들여 조립했다. 이 늑재 형식의 가구는 고대 불교 석굴의 최대 미스터리로 수많은 학자들의 추측성 학설이 난무하고

바자 석굴 예배당 내부

있다. 이곳을 지키는 관리인에게 물어보니 창건 당시의 부재라고 대답한다. 그렇다면 노출된 목재가 2200년을 썩지 않고 유지되었다는 말인데, 이는 놀라운 일이며 거의 화석 수준이다.

이곳의 석굴들을 여러 차례 답사하는 중에도 이 문제는 항상 나를 떠나지 않았다. 몇몇 석굴에서는 모암을 조각해 늑재를 시공한 곳도 보이며, 다른 석굴에서는 원석을 조각하는 작업이 실패한 곳에 목재로 보강한 곳도 보인다. 당대의 기술자가 이 부재에 집착한 이유가 무엇인지 궁금하다. 아마 해답은 열주에 있을 것이다. 기둥이 필요 없는 곳에 기둥을 만들고 늑재가 필요 없는 곳에 애써 조각을 시도하고 있다. 그들은 평지의 불교 사원을 단순히 이곳에 재현했으며, 석굴 내부의 모든 부재는 건축재가 아닌 장식물로 변했다. 그들이 믿는 신과 신당이 바뀌는 일은 상상할 수도 없는 일이다. 종교적 보수성 때문이며, 누대에 걸쳐 목재는 보수되고 보강되었다.

우측에 후대의 것으로 보이는, 승려를 위한 탑묘가 즐비하다. 이제 스투파는 더 이상 석가모니의 전유물이 아닌 듯 보인다. 우리나라 부도의 시원일 수 있는 이 탑들은 석굴 내외에 10여 기가 조성되어 있다.

인도의 고승들이 적막 속에서 묻고 있다. 너희의 고향에도 부처님이 계신지를. 이 승탑이 석굴보다 후대에 조성되었다면 대승의 시절 과거불의 흔적일 가능성도 있다.

조금 떨어진 곳에 조성된 비하라의 베란다 벽면의 부조는 인

바자 석굴 승묘탑군

바자 석굴 승탑 상륜부

바자 석굴 인드라 부조상

바자 석굴 수리아 부조상

도 불교미술사에 단골로 등장하는 유명한 인드라와 수리아의 모티프다. 학자들이 모두 그렇게 호칭하고 있다. 이곳의 조각은 저부조로 대부분 조악하나 민초들의 작품에서 또 다른 감동을 맛보듯 친근감이 넘친다. 인드라는 폭풍우를 상징하는 코끼리를 타고 세계를 횡단하고, 수리아(태양의 신)는 괴물의 모습으로 암흑을 짓밟고 마차를 타고 천공을 날아 비상한다고 한다. 코끼리는 드라비다의 성물이고 말은 아리안족의 전유물이다. 두 민족의 신인 인드라와 수리아 신이 부처님 앞에서 공동의 역사를 보여주고 있다. 그들은 이후 오늘날까지도 불교의 호법신으로 차용되고 있다. 활을 손에 들고 있는 당당한 인드라 최초의 도상이 인상적이다.

하산하는 나의 발걸음이 매우 가볍다. 준나르·나시크·아우랑가바드 석굴이 내일 예약되어 있다. 행복한 여정이다.

【남인도인문기행】

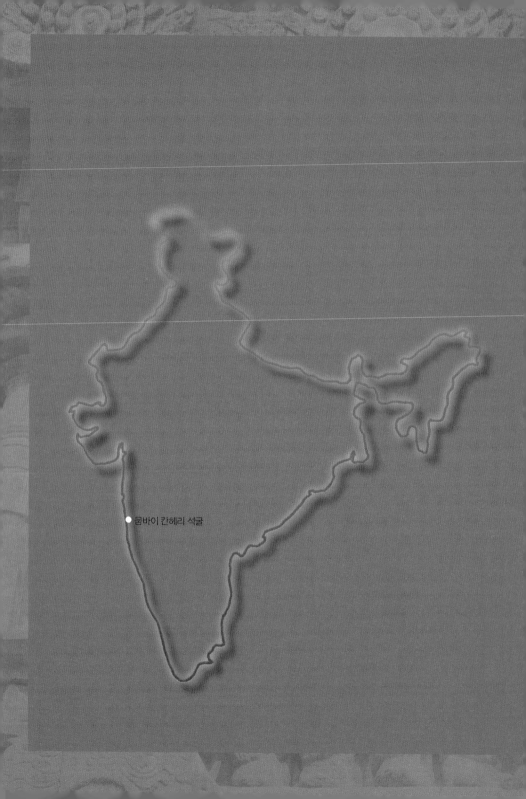

뭄바이 칸헤리 석굴

10

불교 석굴의 역사를 간직한 아라비아 해의 관음굴

뭄바이 칸헤리 석굴

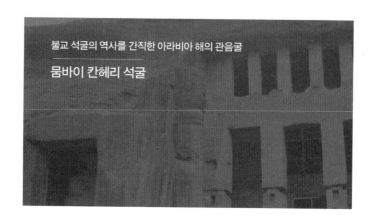

불교 석굴의 역사를 간직한 아라비아 해의 관음굴
뭄바이 칸헤리 석굴

뭄바이 숙소에서 1시간쯤 북쪽 해안을 따라 올라가면 열대우림이 낮게 펼쳐진 구릉이 나타난다. 숲 속을 10분쯤 달리다 차에서 내린 우리는 맑은 바람과 아름다운 새소리에 기분이 상쾌해졌다. 유적지를 지키는 관리원은 우리에게 관심이 없는 듯 눈길도 주지 않는다. 일반 관람객은 드물고 사진 촬영을 제지하는 사람도 없어 유적 답사지로서 최상의 컨디션(?)을 유지하고 있다. 서둘러 계단을 올랐다.

눈앞에 보이는 4개의 석굴은 이곳 100여 군데 석굴 중 규모가 가장 크며 칸헤리 석굴의 장대한 역사를 간직하고 있는 중요한 굴이다. 우측에서부터 좌측 방향으로 1굴, 2굴, 3굴, 4굴로 명명되었는데 맨 우측 1굴은 7세기경 조성된 석굴로 2층 구조이며 하층은 2개의 열주와 베란다를 갖춘 비하라 석굴이다. 기

칸헤리 1굴

칸헤리 2굴

등 양식은 인근 엘레판타 섬의 힌두 석굴과 유사하다.

　2굴은 이 지역에서 최초로 조성된 석굴로 평가받는다. 천연 석굴을 구획하여 내부에 2개의 차이티야당과 비교적 넓은 승원 (비하라)으로 구성된 이 석굴은 서인도 석굴의 초기 모습을 잘 간직하고 있다.

　좌측 3굴은 칸헤리 석굴의 주인공인 차이티야 석굴이다. 규모는 서인도 석굴 중 가장 큰 편이며 광장에 2개의 석주와 전면에 거대한 석벽이 보인다. 좌측에 후대에 개착된 소규모의 차이티야가 있다.

　좌측 계단을 따라 올라서면 긴 계곡이 이어지고 맑은 물이 흐르고 있는데, 지금은 건기로 수량이 적으나 우기에는 풍부한 수량과 짙은 녹음이 덮인 아름다운 곳이라는 생각을 해본다.

계곡 좌우측에 개착된 수
많은 소형 석굴들은 족히
수십 개는 되어 보이며 모
두 베란다와 기둥을 갖춘
비하라 굴이다. 옛적 이곳
에 수백 명의 승려가 기도
하고 참선하며 공동체를 이
루며 생활했을 것이다. 잔잔
한 감동이 밀려온다. 그들의 남루한 옷차림과 검소한 생활이 문
득 눈물겹다. 독경 소리와 가벼운 웃음소리만이 들리는 듯 이곳
은 너무도 고요하다.

　칸헤리 석굴은 콘칸 해안 지역에서 가장 규모가 큰 석굴사원
에 속한다. 이곳의 역사는 인도 서부에 불교가 도입되면서 시작
되었는데 이곳의 불교와 불교 집단은 다른 지역과 비교해 매우
긴 시간 유지되었다. 기원전 3세기경 시작된 칸헤리 석굴 개착
은 처음 소규모로 시작되었고 그 세력이 미미했다. 그러나 기원
후 2세기경 주변 도시가 번성하고 불교에 관한 관심이 높아지면
서 점차 규모가 커지고 불교 집단이 번성하여 대규모의 차이티
야가 건립되는 등 석굴 개착이 활발해진다. 이후 한 차례의 공
백기를 거치면서 5, 6세기경 다시 중흥기를 맞이하는데 석굴의
장식과 조각은 대부분 이 시기에 이루어졌다. 이후 인도 전역에
불교가 쇠퇴하고 힌두교가 대두되면서 이곳 칸헤리도 점차 불

교 집단의 내부 결속력이 떨어지고 외부의 무관심 속에 방치되어 기원후 13세기경 소멸하고 말았다. 1500년의 불교사가 기록된 곳이다.

칸헤리 석굴은 살셋Salsette 섬의 북쪽 언덕에 조성되었는데 평지에서 돌출된 낮은 암반을 굴착하여 만들었다. 대부분의 굴은 폭 60~90m 정도의 낮은 협곡 사이 좌우에 계단식으로 조성되었으며 전체의 굴은 약 120개로 파악되나 조사된 굴은 101개 정도다. 그중 약 87개의 굴에 대한 보고가 발표되었다. 명문에 의하면 칸헤리는 처음에 칸하셀라Kanhasela로 명명되었다고 한다.

입구 정면에 위치한 규모가 큰 자연 석굴인 칸헤리 2굴은 마치 하나의 자연 석굴처럼 보이나 내부에 6개의 독립된 방과 3개의 스투파로 구성되었으며 스투파 주변에 비교적 풍부한 조각이 보인다. 석굴은 전체적으로 상당히 풍화가 진행되었는데 후대에 개조가 꾸준히 이어진 탓에 이 굴의 정확한 기능과 연대 설정에 어려움이 있다.

우측 첫 번째 방은 평면 천장을 가진 사각형 차이티야 굴로서 그 규모는 폭 3m, 깊이 6m로 벽면은 잘 다듬어지지 않았고 후에 불교 조각을 한 흔적이 보인다. 스투파는 사각형 홀 중앙 끝에 놓여 있는데 사방의 벽과 약 75cm 정도 떨어져 있다. 이 스투파는 직경 약 2m의 원통형 기초 위에 반구형 드럼이 설치되었고, 기초 상부 가장자리를 레일 문양으로 장식했다. 돔은 3/4구로 하부가 안으로 굽었다. 상부에 하르미카를 두고 천장

상부에 산개를 조각해 찰주를 연결하고 있다. 뒷면에 수미좌 설법인 의좌상이 조각되었는데 양 협시를 둔 삼존 형식이다.

좌측 두 번째 방은 칸헤리 석굴 중 가장 초기의 굴로 보이며 매우 흥미로운 굴이다. 이 석굴 역시 전면부가 파괴된 평평한 천장을 가진 사각형 차이티야 굴로 현재 남아 있는 규모는 폭 5m, 높이 4m로 보이나 정확한 굴의 규모는 짐작하기 어렵다. 그러나 남아 있는 전면 기둥의 흔적과 계단을 감안하면 굴의 깊이가 9m에 이른다. 이곳의 스투파는 다른 굴과 마찬가지로 맨 끝에 설치되었으며, 벽과의 간격은 탑을 돌며 참배하기 충분한 거리인 1.1m다. 낮은 드럼과 높은 돔으로 이루어진 이 스투파는 작고 단순해 보이지만 표면은 광택을 내었으며 하르미카가 존재하지 않은 매우 고식으로 보인다. 학자들은 이 스투파가 바자 석굴의 그레이트 차이티야Great chaitya 스투파보다 한 단계 위인 기원전 3세기 중후반에 조성된 스투파에 속한다고 본다.

스투파 후면은 이 석굴의 성격을 나타내는 벽감으로 중요하게 취급된다. 중앙의 보살상은 발계관을 쓰고 직립 자세를 취하고 있으며, 머리 상단에 화불이 보이고 왼손에는 연화를 수지했다. 보살 입상 좌우를 구획하여 8난구제도를 양각으로 도해했는데, 8난은 코끼리·사자·도둑 등 인간에게 해를 끼치는 8가지 재난을 뜻한다. 7세기경에 조성된 엘로라 4굴에서는 보살의 발계관에 화불이 직접 표현되며, 좌협시 미륵보살의 머리에도 탑을 두는 형식으로 변하고 있다. 이곳의 보살상은 관음보살의 중

칸헤리 2굴 스투파

칸헤리 2굴 관음 8난구제도상

요한 도상학적 증거인 화불이 표현되는 초기의 작품일 수 있다. 관음보살은 대승불교의 소산이며 간다라 지역에서 최초의 상이 나타나는데, 8난구제도와 같은 구체적인 관음 사상의 표현은 이 지역에서만 보이고 있다.

이곳 칸헤리 석굴은 대상들의 루트에 위치해 있어 이 석굴에서 주로 육상이나 해상의 안전을 기원했음이 짐작된다. 또한 이 8난구제도는 수행자가 깨달음으로 가는 여정에 나타나는 장애물을 표현하는데, 예를 들어 코끼리는 그 사나운 성정 때문에 수행에 어려움이 있어 이를 길들여 깨달음으로 나아갈 것을 제도하고 있다. 이 굴은 후대 관음굴의 시원일 수 있다. 8난구제도는 관음 사상의 구체적인 표현으로 당시 아우랑가바드 등 인도 서부 지역의 후기 석굴에도 보이며, 도상학적 변천에 학자들의 관심이 큰 편이다.

좌측 세 번째 방은 폭 16.5m, 깊이 10.3m로 조성된 대규모의 홀이다. 우측 뒤쪽에 2개의 작은 방은 홀 바닥보다 30cm 높게 조성되었다. 홀 벽면을 따라 길게 마련된 벤치가 보이고 바닥에 규모가 큰 사각형 수조가 있다. 이 굴은 비하라로 규정되어 있으나 형상이나 규모로 보아 승려의 거주와는 다른 목적을 지닌 석굴로 보인다. 석굴에서 3개의 명문이 발견되었는데 기부자의 이름과 함께 '쌀을 요리하는 곳'이라고 쓰여 있으며 전면 대형 수조의 존재로 미루어 넓은 홀은 조리하고 승단이 둘러앉아 먹고 마시는 장소로 활용되었을 가능성이 있다. 뒤편 2개의 방은 식품 저장 창고로 쓰였을 수 있다. 명문이 기록된 시대는 기원후 2세기로 추정하고 있다.

이 석굴은 기원전 3세기 무렵 개착되었는데, 하나의 석굴에서 예배와 생활을 하는 차이티야와 비하라가 동일한 공간에 조성된 초기의 예라 할 수 있다. 또는 인근에 조성된 대규모의 차이티야가 건립되는 동안 기도하고 생활하는 임시 공간일 수도 있다. 이 석굴은 자연 동굴을 개조하여 석굴 안에 다수의 스투파와 생활공간을 만들었다. 데칸의 불교 석굴 중 학술적으로 중요한 석굴이다.

3굴인 차이티야 석굴은 콘칸 해변과 서부 데칸고원 전체에서 가장 큰 차이티야 중 하나다. 이 석굴은 크기가 카를라 석굴 다음이며 규모로 보아 대단한 노동력이 동원되었으나 한 시기에 완성된 건물은 아니다. 입구 양측 레일링 펜스에 수문신을 조각하여 이 차이티야가 신성한 장소임을 암시하고 있다. 광장 좌우측에 노출된 암벽에 의지하여 높이 약 8m에 달하는 스템바스 Stembhas나 래츠Lats로 불리는 2개의 아쇼카식 석주가 있으나 상부는 결실되었다.

북쪽 석주의 주두 부분에 4구의 쿠베라가 조각되고 남쪽 석주에는 각종 성수가 조각되어 차이를 보이고 있다. 사자는 불국토를 수호하는 상징물로 사방을 수호하며 코끼리는 락슈미의 생명수(몬순 바람)를 가져오는 남방을, 말은 아리아인 전사와 함께 북쪽에서 들어와 북방을, 소는 시바를 상징하는 동물로 서방을 각각 수호한다고 한다. 결실된 주두 위에는 카를라 석굴 광장의 석주와 동일한 법륜 혹은 4마리 사자가 조각되었을 가능성이 있다. 석주 상단에 조각된 동물이나 수레바퀴는 주로 불법 수호와 윤회를 상징하며, 이 차이티야가 부처님의 성소임을 보여주고 있다.

남쪽 석주 하단 초석에 부조된 불좌상은 불전 고사에 등장하는, 우중에 대왕 뱀이 선정에 든 부처를 보호하는 상이며 상단의 부처 입상도 두광을 갖추고 있다. 이 불상은 레일링 펜스의 수호신상과 같은 시기의 작품으로 후대 굽타 양식과는 다른 아마라바티 계통으로 보인다. 이 부조상은 석주가 건립된 사타바하나 왕조 시기인 2세기 초의 작품으로 서인도 데칸에서 발견된 가장 이른 시기의 불상으로 간주된다.

석굴 전면은 내부 단면이 노출된 바자 석굴이나 카를라 석굴과 달리 석벽을 시공하여 내부의 예배당과 구분하고 있다. 석벽

칸혜리 차이디야 석굴 전경

광장 우측 석주 기초 부조상

차이티야 광장 좌측 석주 상단

하부에 3개의 직사각형 대형 출입구를
내고 상층 창에는 4개의 기둥을 설치했
다. 이 기둥과 벽면에 목재 결구용 구멍
이 많아 초기에는 석굴 전면을 목가구로 장식했음이 짐작된다.
지금은 사라지고 없는 목가구는 채색을 했고, 예배 시간에 2층
에서 각종 악기 소리가 울려 퍼졌을 것이다.

　석굴 내부 베란다는 폭 11m, 길이가 3.8m, 높이는 11m에 달
하며 천장은 평평하다. 베란다 벽은 상하로 나뉘어 하부는 예
배당용 정문과 양측에 회랑의 통도로 인도되는 문이 있고, 상
부에 커다란 채광용 반원형 창을 시공했다. 베란다 벽은 일군의
불보살상들이 가득 조각되고, 중앙문과 양쪽 측문 사이에 '미
투나'라 불리는 등신의 남녀 공양자상을 배치했으며, 상부 감실
에 다양한 자세의 설법인 부처상이 조각되어 있다.

광장 벽면 스투파 부조   차이티야 석굴 외관

좌우 측벽의 벽감에 7m 높이의 거대한 부처 입상은 오른손
은 아래로 내리고 왼손은 위로 향하며 기다란 옷깃을 잡은 채
방문객을 주시하고 있다.

공양자상의 석재는 연마되었으며 의복 양식은 대 사타카미스
시대의 것으로 귀걸이는 무겁고 머리에 쓴 터번은 섬세히 표현
되었다. 이 조각들은 인근 카를라 석굴과 동일한 양식으로 기원
후 120년경에 제작된 개착 당시의 작품으로 알려져 있다.

양 측벽에 7m 높이의 거대한 불입상은, 명문traikutakas에 의하
면, 5세기 말(494년)에 조성되었으며 이 상은 Larada mudra 즉
'깨달음으로 인도하는 자세'를 취하고 있다고 한다. 이 불입상은
굽타 계통으로 아잔타 석굴의 불입상과 양식이 유사해 동일인
이나 동일 계열에서 조각한 불상으로 보고 있으며 환조에 가까
운 뛰어난 작품이다. 칸헤리의 사타바하나 시대와 굽타기의 건

축조각과 불전 도상은 카를라 석굴과 유사성이 발견되어 두 석굴 간의 관련성이 주목되고 있다.

내부 예배당은 깊이가 26m, 넓이는 14m에 달한다. 천장 높이는 약 10m가 더 되어 보이며, 높이 4m가 넘는 24개의 열주가 양 벽을 따라 나란히 배열되어 내부 공간을 중앙의 예배당과 양측 통도로 분리시켜 놓고 있다. 이곳에 시공된 기둥은 동일한 양식이 아니며 좌우 대칭이 되어 있지도 않다. 기둥은 기초나 주두가 생략된 팔각기둥이 선행되고, 후대에 좌우측 첫 번째 6개 기둥이 시공되었다. 팔각기둥은 인근의 바자, 피타코라 11굴, 베드사 석굴, 아잔타 9굴, 아우랑가바드 4굴 등 기원전에 개착된 석굴 기둥 양식이다. 후대의 기둥은 장식성이 보강된 락슈미의 풍요의 그릇을 상징하는 만병이나 열매 형태의 초석과 주두에 기마상을 화려하게 조각했는데, 기원후 2세기 초에 개착된 인근 베드사 석굴이나 카를라 석굴과 유사하다. 하나의 석굴에 두 가지 양식의 기둥이 현존하는 칸헤리 석굴의 건축사적 단면을 보여주고 있다.

중앙 천장에 목재로 된 곡형 부재를 설치한 흔적이 보인다. 처음에는 석재로 시도했으나 실패한 듯 목재 결구의 흔적이 남아 있다. 석굴은 초기의 목조 구조물 형식을 본받고 있는데, 둥근 지붕을 지탱하기 위해 내부 천장에 반원형 늑재를 갖추고 지붕의 하중이 집중되는 곳에 상부가 약간 경사진 주두를 사용한 열주를 배치했다. 석굴의 내부는 역학적으로 암반의 하중을

차이티야 베란다 측벽 부조상

고려할 필요가 없어 천장의 반원형 늑재와 기둥은 장식에 불과하지만, 후대까지 천장 늑재와 열주 형식은 꾸준히 계승되어 점차 종교적 장식이나 상징물로 대체되는 현상을 보이고 있다.

후면에 안치한 거대한 스투파는 직경이 5m, 높이 6.7m로 우요를 위해 벽면과 적당한 거리를 유지하고 있다. 드럼은 2단으로 하단 중앙에 장식용 띠를 두르고 상부 돔은 반구형인데 사각형 하르미카 상부의 상륜은 현재 결실되어 있다. 드럼 주변 사각형 홈은 목가구의 흔적으로 보이지만 그 용도나 구조 형식은 알 수 없다.

차이티야 내부의 초기 스투파는 비교적 간단한 원통 형태의 드럼과 반구형 탑신이 전부인데 후대에 장식화의 경향이 나타나고, 점차 드럼의 단이 늘어나며, 레일 문양이 장식되고, 상부에 하르미카와 산개 장식도 구체적으로 시도된다. 역피라미드형 층굽은 고대 페르시아의 신전의 불의 제단Fire Alter에 기원을 두고 있으며, 산개 장식은 석존의 고귀한 신분을 나타내는 스투파의 장식물로 정형화되지만 석각의 어려움 때문에 목재로 대체되거나 천장에 음각하여 찰주를 관통하기도 한다.

5, 6세기 이후 후대의 스투파는 더욱 화려해지며 장식성이 강

차이티야 베란다 부조상

조되는데 드럼 기초가 사각형으로 바뀌며 층이 나타나고, 사면
혹은 반원형 탑신에 불감을 두고 불상을 조각하여 예배하는 전
통이 시도된다. 산개는 더욱 강조되고 장식성이 강해지며 후대에
는 스투파 전면에 불상을 독립시켜 안치하는 형식으로 발전하여
오늘날 불당의 시원 형식이 되었다.

　스투파는 아쇼카 왕 이후 북인도 지역을 중심으로 건조되었는
데 부처뿐 아니라 고승을 기념하기 위해서도 세워졌다. 스투파는
주로 석굴 밖의 건조물을 지칭하고, 석굴 내의 제단은 '다고바'라
칭한다. 다고바Dagoba는 'Dhatugarbha'나 'Dhatugopa'에서 유래
했으며 원래 뜻은 '알 또는 신성한 모태(자궁)'로 우주의 창조를 의
미한다고 한다. 스투파와 다고바의 어원이나 용도는 다르지만 산
치나 아마라바티의 대탑 등은 스투파로, 석굴 내의 제단은 다고
바로 호칭되거나 모두 스투파로 통칭되기도 한다

또한 스투파는 원래 고대 아리안족의 승전 기념물로 후대에 불교에 도입되었다고 한다. 스투파뿐 아니라 불교에서 사용되는 많은 상징물 역시 아리안족의 베다 건축과 관련이 있으나 현재 남아 있는 대부분의 유적은 불교의 상징이나 모티프로 간주되고 있다. 스투파는 앵글로-인디안어인 'Tope'에서 유래하며, 쌓아올리다$^{to\ heap}$ 또는 축조하다$^{to\ erect}$를 의미하는 단어에 그 기원을 두고 있다고 한다. 스투파는 불교 발생 이후 유골을 매장한 장소나 부처의 기념지에 건립되었으며 무불상 시대에는 부처를 상징했다.

이 차이티야 석굴의 조성 단계를 종합하면 바자 석굴보다는 늦고 카를라, 베드사 석굴보다는 빠른 기원전 1세기경에 개착되었다고 본다. 개착 당시 터널 일부와 13개의 팔각기둥이 설치된 이후 알 수 없는 사유로 공사가 상당 기간 중단되었으나 기원후 2세기에 재개되어 장식이 화려한 나머지의 기둥이 추가되고, 베란다의 미투나 입상이 조각되어 현재의 차이티야 모습을 갖추게 되었다. 석굴은 사타바하나 왕조의 야주나스리 샤타카르니 치세$^{(174-203)}$ 때에 조영되었다는 명문도 존재한다. 이후 5세기 후반에 불상이 처음으로 모셔지는데, 감실의 소형 설법상이나 대형 불입상이 추가로 조각된다. 칸헤리의 석굴은 기원전 3세기경 시작된 제2굴을 최초의 석굴로 본다면 긴 축조의 역사를 갖고 있는 석굴이다.

41번 비하라 석굴은 초기 밀교적 요소를 보여주는 석굴로 베란다에 유명한 11면 관음상이 조각되어 있다. 통도 후면에 삼존상이 보이고 좌측 벽은 대부분 탈락되었으나 우측 벽에 관음보살십

난구제도를 조각했다. 후면 중앙 본존은 손 부분이 결실되었으나 두 팔의 위치가 항마인을 결한 석가모니불로 보이며, 우측에 11면 관음을, 좌측에는 관례에 따라 미륵보살이 협시하고 있다. 11면 관음으로 호칭되는 보살상은 직립 자세로 오른손은 시무외인을, 왼손은 연화를 수지하고 있다. 머리 위에 불두를 3면씩 3단으로 직립시키고 상단에 1면을 두어 본면과 함께 11면을 형성하고 있다. 이 상은 6세기 작으로 추정되고 있으며 인도 초기의 11면 관음상으로 주목받고 있다. 이곳의 관음보살십난구제도는 2번 석굴에 비해 구체적인데 관음보살 좌우의 협시 보살은 우측에 타라보살Tara과 좌측에 브흐쿠티보살Bhrkuti로 각각 북극성과 풍요를 상징한다고 알려져 있다. 좌우 벽감의 관음구제도는 10난구제도로 매우 독특한 도상을 보여주고 있는데 좌측 벽감에는 코끼리·사자·뱀·불·해난 사고 등 위험을 예시하고 우측 벽감에는 구금·가루다·시타라·질병·칼 그리고 적을 묘사하고 있다.

90번 비하라 석굴은 넓은 베란다 벽면 전체에 불전이 조각되어 칸헤리의 비하라 석굴 중 가장 풍부한 조각을 보여주고 있다. 중앙 전면의 설법 만다라도는 상부에 삼세불로 추측되는 삼존상을 배치하고, 하부 연화좌 아래 연꽃줄기로 형상화된 우주 축이 땅과 하늘을 구획하여 좌우에 인드라와 제석천이 시립하고 뒤에 공양자상을 배치했다. 연꽃줄기 위 대좌의 불상은 불전 중의 사위성 천불화현 고사에 기초한 대승불교의 다불 사상을 표현한 도상으로 이 지역에 6세기 후반에 매우 유행한 도상이다. 이 도상은

우주 주재자로서의 부처를 상징하고 있으며, 불교의 중요한 교리
인 화생 사상을 표현한 것으로 부처를 믿는 자는 우주의 완전함
과 지혜를 얻는다는 장면이다. 이 경우 중앙의 본존은 비로자나
불일 수 있으며, 사방에 배치된 불상은 후대에 사방사불로 진화
된 초기의 도상으로 볼 수도 있다.

　석굴의 시대별 조영을 살펴보면 북인도 문헌에 기원전 3세기경
불교가 전해진 소하라 부근에 위치한 칸헤리는 아파란타 지역에
불교가 전해진 직후 칸헤리 석굴이 개착되었다고 본다. 개착 당시
가장 먼저 조성된 석굴은 천연 석굴의 형태를 갖춘 2번 석굴로,

천연 석굴 안에 사각형의 석굴을 조성해 스투파를 안치하고 예배했는데 이 스투파의 형식은 매우 단순한 형태의 드럼과 돔으로 구성되었으며 표면에 광을 내었다. 이와 같은 스투파는 마우리아 시대에 유행했으며 북인도에서 전래되었다.

이후 기원전 1세기경 시작된 3굴인 차이티야 석굴은 본격적인 대규모 예배당으로 둥근 볼트식 천장과 단순한 팔각기둥(초석과 주두가 생략됨)이 시공되었으며 전면에 베란다를 갖추고 있다. 그러나 이 예배당은 완성을 보지 못하고 방치되었다가 기원후 2세기경 서부 데칸 지역에서 석굴 조성이 성행할 때 공사가 재개되어 내부를 완성했다. 처음 시도된 팔각기둥을 그대로 유지하면서 추가로 시공된 기둥은 당대에 유행한 양식(초석:pot-base-pot형식, 주두:animal capital type)을 반영했다. 이때 홀의 스투파가 완성되고 베란다 등 예배당의 주요 부분이 마련되었다고 본다.

또한 광장 석주 하부에 조각된 부처상과 레일 형식의 펜스에 조각된 수문신은 2세기경의 조각으로, 나가·베디카 등의 부조상은 소승조각의 전통을 계승하고 있으며 인물 묘사 양식은 아마라바티 조각과도 연계된다. 당시 칸헤리 석굴은 세인의 관심이 집중되어 신도들의 기부 행위가 성행했는데 수많은 비하라도 이때 집중적으로 마련되었다. 이와 같은 사실은 명문에 기록된 왕과 관료들 그리고 승려 등 예배자의 기부가 기록된 비하라나 대형 수조 및 휴게실 같은 유적들을 통해 추측이 가능하다.

이후 5, 6세기 무렵 서인도 지역에 석굴 조영이 유행하며 이곳 칸헤리 석굴의 불사도 다시 성행했는데 대부분의 석굴이 이때 리모델링되거나 신축되었고, 불상 등 불전의 장면이 추가로 조각되어 부처의 상을 모시고 예배하는 대승불교의 전통이 시작되었다. 불교 미술은 북인도의 굽타 양식을 수용하고 있으며, 자기 해탈이라는 소승적 분위기에서 점차 중생 구제, 더 나아가 기복 신앙의 형태까지도 받아들인 것이다.

또한 8난구제도와 10난구제도의 주인공인 관음보살이 독존으로 예배되어 당시 관음 신앙이 성행했고, 이는 먼 거리를 여행하거나 해난 사고를 두려워하는 상인 집단이 신도의 대부분을 차지하는 지역적 특성을 보여주고 있다. 석굴에 항마촉지인을 결한 본존의 협시로 11면 관음 등 밀교상이 등장해 초기 밀교에 대한 도상학적 단서를 제공하는 등 칸헤리 석굴의 다양한 사상적 측면도 주목된다. 이 석굴은 소승불교와 대승불교 사이의 석조 건축과 조각 양식의 간극이라 불리는 문제들을 해결할 수 있는 석굴로 보인다.

칸헤리 석굴은 천혜의 사원지로 인근에 해상 교역의 요충지를 가까이 두고 있으며 상인들의 왕래가 빈번한 장소에 개착되었다. 또한 승려들이 거주하고 명상하기 알맞은 골짜기에 건조되어 건기에도 식수를 해결할 수 있었으며, 산 정상에 석축 댐을 막아 인공 저수지를 설치하고 비하라마다 수조를 설치하여 생활했다. 이곳의 상주 인원은 약 120명 정도로 추정되며, 이곳을 방문한 신도를 합하면 이 석굴사원을 이용하는 규모가 상당했으리라 짐작된다.

【남인도인문기행】

참고도서

마리아 안젤릴로 지음·이영민 옮김,『인도 : 고대 문명의 역사와 보물』, 생각의 나무, 2007

벤자민 로울랜드 지음·이주형 옮김,『인도미술사』, 도서출판 예경, 1996

비드야 데헤자 지음·이숙희 옮김, 『인도미술』, 한길아트, 1998

아지트 무케르지 지음·최병식 옮김,『인도종교미술』, 동문선, 1995

안넬리제 카일하우어, 페터 카일하우어 지음·전재성 옮김,『힌두교의 그림언어』, 동문선, 1994

윤장섭,『인도의 건축』, 서울대학교출판부, 2002

조승연,『인도에서 만나는 종교와 문화』, 민속원, 2005

천득염,『인도 불탑의 의미와 형식』, 도서출판 심미안, 2013

Asian Art at the Norton Simon Museum Volumn 1, Art from the Indian Subcontinent, YALE
    UNIVERSITY PRESS, 2003

Benoy K. Behl, THE AJANTA CAVES, Thames & Hudson, 1998

Dr. B. Subrahmanyam, Jatakas in Buddhist Thought Art Vol. 1·2, Bharatiya Kala Prakashan, 2009

K. R. Srinivasan, Temples of South India, The Director, National Book Trust, India, 1972

Percy Brown, Indian Architecture, D. B. Taraporevala Sons and Co. Private Ltd., 1971

Satish Grover, Budddhist and Hindu Architecture in India, CBS Publishers and
    Distributors PVT. Ltd., 1980

Shobita Punja, Great Monuments of India, Bikram Grewal, 1994

Sushma K. Bahl, 5000 Years of Indian Art, Roli Books Pvt Ltd., 2012

Kanoko Tanaka, Absence of the Buddha Image in early Buddhist Art, D K Printworld, 1998

Takeo Kamiya, The Guide to the Architecture of the Indian subcontinent, All Nippon printing Co.
    Ltd., 1996

佐藤宗太郎,『インド石窟寺院』, 東京書籍, 1985